中国电建集团西北勘测设计研究院有限公司

水工建筑物水力设计及水力学计算程序 HYCOM

王康柱 李跃涛 王旭 李渤 朱展博 张积强 编著

中国水利水电出版社
www.waterpub.com.cn
·北京·

内 容 提 要

本书根据已有工程设计经验，收集整理了 96 个不同坝型工程泄水和引（输）水设施水力设计实例，并对国家标准和水利及电力行业规范的有关水力学计算公式进行了归纳，开发了水力学计算程序 HYCOM，对其使用进行了说明。

本书是在水工建筑物水力设计领域第一次较为全面系统地总结水力设计全过程的著作，内容丰富、实用性强，可供水利水电相关专业工程技术人员、大中专院校师生参考使用。

图书在版编目（ＣＩＰ）数据

水工建筑物水力设计及水力学计算程序HYCOM / 王康柱等编著. -- 北京：中国水利水电出版社，2020.9
ISBN 978-7-5170-8926-1

Ⅰ．①水… Ⅱ．①王… Ⅲ．①水工建筑物－建筑设计②水工建筑物－水力学－工程计算程序 Ⅳ．①TV6②TV135

中国版本图书馆CIP数据核字(2020)第186353号

书　　名	**水工建筑物水力设计及水力学计算程序 HYCOM** SHUIGONG JIANZHUWU SHUILI SHEJI JI SHUILIXUE JISUAN CHENGXU HYCOM
作　　者	王康柱　李跃涛　王旭　李渤　朱展博　张积强　编著
出版发行	中国水利水电出版社 （北京市海淀区玉渊潭南路 1 号 D 座　100038） 网址：www.waterpub.com.cn E-mail：sales@waterpub.com.cn 电话：(010) 68367658（营销中心）
经　　售	北京科水图书销售中心（零售） 电话：(010) 88383994、63202643、68545874 全国各地新华书店和相关出版物销售网点
排　　版	中国水利水电出版社微机排版中心
印　　刷	北京印匠彩色印刷有限公司
规　　格	184mm×260mm　16 开本　11.75 印张　286 千字
版　　次	2020 年 9 月第 1 版　2020 年 9 月第 1 次印刷
印　　数	0001—1000 册
定　　价	**68.00 元**

Hydraulic Design and Hydraulic Computing Program HYCOM

Wang Kangzhu   Li Yuetao   Wang Xu
Li Bo   Zhu Zhanbo   Zhang Jiqiang

中国水利水电出版社
China Water & Power Press
· BeiJing ·

Informative Abstract

For Hydraulic and Hydroelectric engineering, the hydroproject layout consists of water retaining structure, water release structure, power generation, diversion system and power house. For water conservancy and irrigation projects, the hydroproject layout consists of water retaining structures, water release structures, water transmission channels and water transmission pipelines. For urban water supply projects, the hydroproject layout consists of water retaining structure, water discharge structure, water transmission pipeline, etc. In order to ensure the safety, reliable and the normal operation of the hydraulic structure, the hydraulic design of the hydraulic structure is needed. Hydraulic calculation is a very important part of the hydraulic design of the hydraulic structure.

According to the author's engineering design experience, this book introduces the hydraulic computing program HYCOM block diagram and the operation instructions of the development hydraulic computing program from the layout of the project, the design flood standard, the collection of hydraulic design of various dam type discharge and the water diversion (transmission) facilities, the quotation of China hydraulic calculation formula of water conservancy and hydropower specifications.

前　言

　　水利水电工程的枢纽布置由挡水建筑物、泄水建筑物、引水发电系统及厂房组成。水利灌溉工程的枢纽布置由挡水建筑物、泄水建筑物、输水渠道或输水管道组成。城镇供水工程的枢纽布置由挡水建筑物、泄水建筑物、输水管道等组成。水工建筑物中泄、引（输）水建筑物对整个工程的安全性和经济性起着非常重要的作用，为了确保水工建筑物的安全可靠正常运行，需要进行水工建筑物水力设计。水力学计算是水工建筑物水力设计非常重要的一个环节。水力学公式较为复杂，参数多为水工模型试验和工程经验取得，设计人员进行水力学计算采用手工计算，因此开发水工建筑物水力学计算程序很有必要。

　　本书主要分为两部分内容：一部分内容为水工建筑物水力设计，包括第1～第9章。主要内容包括：①泄水建筑物、引（输）水建筑物在枢纽布置中主要作用和特点；②国家标准和行业规范有关洪水标准在实际工程设计中的应用，利于工程设计人员重视水工建筑物设计的安全性和经济性；③水利和电力行业现行规范中水工建筑物水力设计和水力学计算公式，水工建筑物泄洪后容易引起破坏的原因分析及处理措施等；④收集了土石坝（混凝土面板堆石坝、心墙坝、沥青心墙坝）、混凝土拱坝（含碾压混凝土拱坝）、混凝土重力坝（含碾压混凝土重力坝）、深埋长距离输水隧洞等96个工程实例，整理了工程实例中泄水建筑物和引（输）水建筑物的水力设计及结构设计；⑤结合国外已建工程竖井泄洪洞的运行情况，全面论述竖井泄洪洞水力设计相关内容；⑥考虑到目前国内中小型水利工程和城镇供水工程正在如火如荼的建设，增加了侧槽溢洪道、明渠引水和长距离供水管道的水力设计内容。另一部分内容为水力学计算程序 HYCOM 2.0 开发、介绍和使用，第10章为程序的使用说明，其中计算程序框图、输入参数说明以及实际工程真实算例等内容贯穿各章之中。

　　本书水工建筑物水力计算程序 HYCOM 2.0 的主要特点是：①程序中水力学计算公式采用国家正式颁布的规程规范，并参考其他权威部门的规程规范，以及设计人员经常使用的《水工设计手册》和《水力学计算手册》；②水力学计算按工程类别划分，实用性强，针对性强；③编著者特别注意水力学计算公式的适用性，计算参数的选取注重工程经验，真正能给技术人员提供可靠的计算成果；④由于高速水流的复杂性，水工建筑物水力学计算多采用半经验半理论公式，许多参数为试验图表，纳入程序中有一定的难度，待新版本逐步予以解决。

水工建筑物水力学计算程序 HYCOM 2.0 是根据水工建筑物水力设计和水力学计算公式开发的，HYCOM 2.0 有网页版本和手机版本两种，使用者只需进入相应的网址，注册成功后可以使用本程序。

本书第 1 章由王康柱、李跃涛、李渤编写；第 2～第 9 章由王康柱编写；第 10 章由王旭编写。书中图表由李跃涛、李渤、朱展博绘制，HYCOM 2.0 程序由王旭开发，李跃涛参与了书中算例程序的测试工作。

值此中国电建集团西北勘测设计研究院有限公司建院 70 周年之际，谨以此书献给广大水电建设者。由于作者水平有限，书中难免存在错误与不足之处，欢迎广大读者提出宝贵意见。

作者

2020 年 8 月于西安

目　录

第 1 章

水工建筑物水力设计综述

1.1 概　　述

　　人类的文明史也是人类和自然界的斗争史。自然界随着地球的演变而伴生的"水灾、地震、地质灾害、干旱、缺水"等威胁着人类的生存，水利工程由此而诞生。水利可以防洪减灾、灌溉兴利、提供水动力以及满足城市各种用水需求。随着人类文明的发展，水的可利用性也得到了史无前例的发展，人类利用水的落差而获取能源，水力发电正是人类获取清洁环保能源的主要途径，由此产生了将水能转化为电能的水电工程。随着现代化工业飞速发展，人类的生产生活活动影响污染了天然的江河湖泊，水环境、水生态工程应运而生。

　　随着人们对美好生活的要求不断提高，在水利水电工程承载"防洪、灌溉或供水、发电"等传统功能的基础上，出现了以生态治理为内涵的水环境治理工程。因此，水利水电工程、水环境工程组成一个全周期的生态链将蓬勃发展。水利水电工程、水环境生态工程等统称为治水工程。近年来治水工程大量实践，总结出的治水三大原则"安全可靠、生态文明、智能先进"，九大理念"水安全、水资源、水环境、水生态、水景观、水文化、水经济、水管理、水智能"等具有鲜明的时代特点。

　　水安全：总体上保障老百姓生命财产安全，具体为保障洪水安全、水源地安全、工程安全。

　　水资源：满足社会发展需要水的供需平衡，主要包括河流流域水的供需平衡，地区之间的调水平衡，地下、地表、中水利用的供需平衡。

　　水环境：治理水质污染，提升水质标准黑臭河流水环境的监测和预警。内外源污染控制措施包括截污工程、分散式污水处理、人工湿地、清淤工程、水动力优化工程等。水质提升与生态系统重建包括曝气增氧、生态浮床、微生物强化、水生植物。景观美化包括岸带修复、景观构建。

　　水生态：保障水生植物、动物、微生物三大系统均衡而生生不息。

　　水景观：打造滨海、滨湖、滨河变成城市橱窗和景区，满足人们对美好生活的需要。

　　水文化：体现山、水、林、田、湖、草等绿色文化，以及长江和黄河母亲河治理的历史文化，形成绿色文化与历史文化的有机结合。西安"八水绕长安"的历史再现，关中古代水利工程如秦朝的郑国渠、白渠、泾惠渠的保护与功能提升，广西从秦代开始发挥作用的跨流域引水工程兴安灵渠等，都是绿色文化与历史文化的再现。

水经济：将傍水区域提升为产业高地，形成经济的良性循环发展。如产业经济的特色小镇等，也为脱贫致富贡献力量。

水管理：将河流条块分割管理现状进行统筹协调一致，形成创新高效的管理模式。党中央提出了"节水优先、空间均衡、系统治理、两手发力"治水新思路，赋予了新时期治水的新内涵、新要求、新任务。

水智能：形成水的数字化、信息化，形成三维可视化管理系统；以实现流域管理精细化、公众服务社会化、管控手段信息化为智慧流域建设的目标，坚持"六个一"平台建设理念，建立河流流域智慧管控系统。"六个一"智慧流域管控系统，即一张感知网络，一个应用平台，一张图监管门户，一个数据中心，一套指标体系，一个公众服务平台。

1.2　水电枢纽工程的布置

水电枢纽工程布置，应根据其综合利用的要求，合理安排大坝、泄洪、发电、灌溉、供水、航运、过木、排沙、过鱼等建筑物的布置，避免相互干扰。水利水电工程其中三大建筑物包括挡水建筑物、泄水建筑物、引水发电建筑物（抽水蓄能电站、灌溉、供水等工程叫输水建筑物）。三大建筑物合理科学布置决定整个枢纽工程的布置。

工程布置除大坝应满足地质、地形条件外，首先要考虑泄洪建筑物的布置，使其下泄水流归槽好，不致冲刷坝基、其他建筑物基础及岸坡；其次要考虑引水发电建筑物或输水建筑物的合理布置。

工程布置中的挡水建筑物与坝址区工程地质条件密切相关。一般地质条件较好的区域，宜选择混凝土拱坝、混凝土重力坝、碾压混凝土拱坝、碾压混凝土重力坝；地质条件较差的区域，宜选择以当地材料为主筑成的坝，也叫土石坝。土石坝包括混凝土面板堆石坝、黏土心墙坝、沥青混凝土心墙坝等。基础为河床深覆盖层，宜选择土石坝，当然也有在深覆盖层上修建混凝土闸坝，但闸坝并不高。

1.2.1　土石坝工程布置

土石坝工程布置主要为泄水建筑物和输水发电系统的布置。一般情况下，分为同岸布置和两岸分散布置。两岸分散布置较多。通常，在岸边较低部位结合施工期导流度汛、下闸蓄水期间河流不断流要求临时生态放水，设置多用途泄洪隧洞，及永久泄洪、排沙、放空、生态放水等功能需求。

如图 1.2-1 所示，黄河青海境内某混凝土面板堆石坝工程布置是典型同岸布置的实例。该工程坝址区岩石白垩系中细砂岩、细砂岩、泥质粉砂岩互层，左岸为平缓台地，利于布置建筑物；右岸自然山体近于直立边坡，不利于开敞式溢洪道布置，易形成高人工边坡；所以，左岸布置泄水建筑物，水流归槽条件较好；坝址右岸下游缺乏布置地面厂房的地形条件，输水发电系统布置在左岸，利用左岸平缓台地布置混凝土面板堆石坝坝下埋管。该枢纽工程布置紧凑，减少调压井，开敞式岸边溢洪道超泄能力强，大坝泄洪安全得到保障。

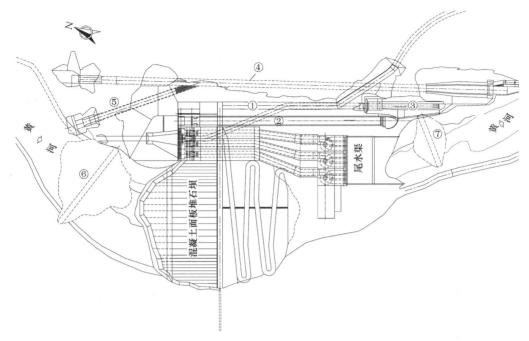

图 1.2-1 黄河青海境内某混凝土面板堆石坝工程平面布置示意图
①—上坝公路；②—溢洪道；③—底孔；④—中孔泄洪洞；⑤—导流洞；⑥—上游围堰；⑦—下游围堰

　　如图 1.2-2 所示，新疆某混凝土面板堆石坝工程布置是典型两岸分散布置实例。该工程坝址区岩性为凝灰质砂岩夹千枚化凝灰质砂岩，坚硬岩，左右岸地形地质条件适合布置泄水建筑物和输水发电系统，但左岸布置开敞式溢洪道，水流归槽条件好，所以，左岸布置泄水建筑物，右岸布置输水发电系统。

　　如图 1.2-3 所示，西藏某混凝土面板堆石坝工程布置是典型两岸分散布置实例。该工程坝址区岩性为砂质板岩，中硬岩，左、右岸地形地质条件适合布置泄水建筑物和输水发电系统，但左岸布置开敞式溢洪道，水流归槽条件稍差，可通过采用鼻坎形式予以解决，但雾化和岸坡防护量较大。该布置的优点是岸边溢洪道左岸边坡较低。右岸布置输水发电系统，避免

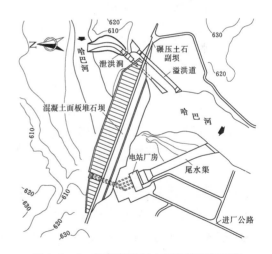

图 1.2-2 新疆某混凝土面板堆石坝工程
平面布置示意图

泄水建筑物交叉干扰，而左岸输水发电进出口为高陡自然边坡，开挖量大。

　　该工程布置特点是利用"Z"形河道，右岸布置导流洞，利用上游围堰和大坝之间空间作为弃渣场，解决了工程弃渣问题，同时将混凝土面板上游铺设土工膜和粉砂土后，弃渣部分碾压利于减少水压力对大坝的作用。

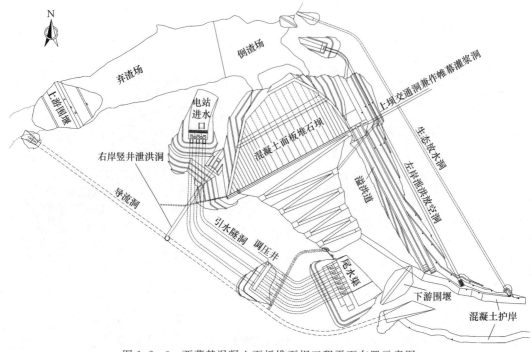

图1.2-3 西藏某混凝土面板堆石坝工程平面布置示意图

该工程布置将施工期索否沟导流和永久生态放水洞结合，可以控制施工期度汛和下闸后控制水库水位的升降，也可以在水库紧急情况或检修时参与放空水库，属于一洞多用。

1.2.2 混凝土拱坝工程布置

通常情况下，泄水建筑物布置在混凝土坝坝身处，以坝身泄洪为主。工程布置重点研究输水发电系统的布置，主要从地质条件方面考虑建筑物的布置。当然，也有将引水钢管布置为坝后背管，形成坝后式厂房，泄水建筑物布置两边。在大坝较低部位结合施工期导流度汛和下闸蓄水期间河流不断流要求的临时生态放水洞，可设置多用途中孔和底孔，参与永久泄洪、排沙、放空、生态放水等功能需求。应研究中孔和底孔工作闸门和孔口尺寸引起较大的工作水头和工作门的水推力，避免引起运行期安全事故风险。

如图1.2-4所示，金沙江白鹤滩水电站混凝土拱坝工程布置为典型的混凝土拱坝工程布置。坝址岩性为坚硬岩玄武岩，两岸地质条件较好，考虑到两岸分属四川省和云南省，两岸各布置8台1000MW机组。该工程泄洪流量巨大，限于坝身泄洪控制30000m³/s，还需要布置三条大型泄洪洞予以解决；左岸水流归槽条件较好，右岸没有布置泄洪洞的地形地质条件，所以左岸布置三条大型有压接无压"龙落尾"泄洪洞。

图1.2-5为金沙江乌东德水电站混凝土拱坝工程平面布置示意图。坝址区岩性为变质类灰岩，岩石坚硬，两岸地质条件好，两岸各布置6台850MW机组。该工程泄洪流量巨大，限于坝身泄洪控制在30000m³/s之内，还需要布置三条大型泄洪洞，左岸水流归槽条件较好，右岸下游有大型滑坡不适合布置泄洪洞，所以左岸布置三条大型有压接无压泄洪洞，挑流入水垫塘。

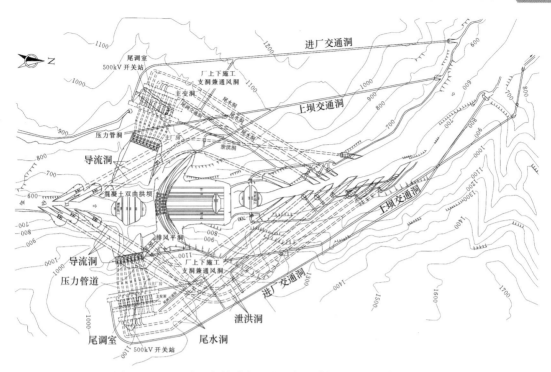

图 1.2-4　金沙江白鹤滩水电站混凝土拱坝工程平面布置示意图

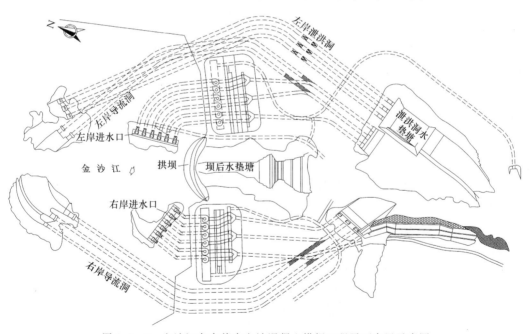

图 1.2-5　金沙江乌东德水电站混凝土拱坝工程平面布置示意图

　　图 1.2-6 为黄河李家峡水电站混凝土拱坝工程平面布置示意图。坝址区岩石为前震旦系黑云母角闪斜长片岩，为坚硬岩；该工程混凝土为双曲拱坝坝高 165m，背管式坝后双排机组厂房，各布置 3 台和 2 台 400MW 机组。

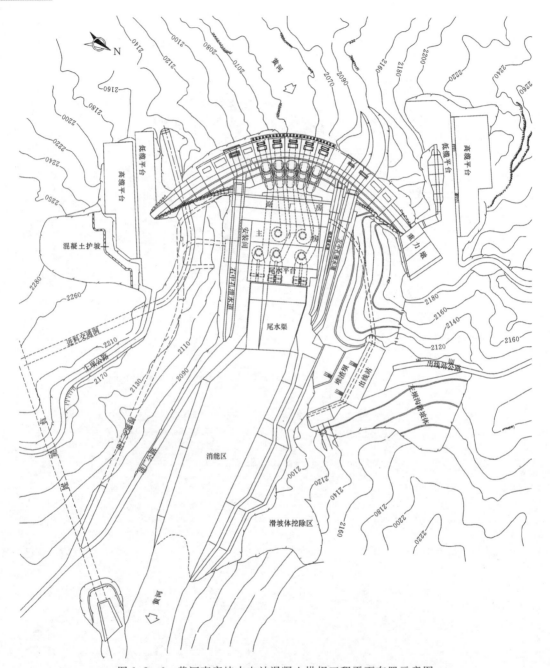

图 1.2-6 黄河李家峡水电站混凝土拱坝工程平面布置示意图

坝址处没有布置岸边溢洪道的地形条件，也没有布置泄洪隧洞合适的条件，只有沿岸边山坡布置明渠式泄水道较为合适。泄洪建筑物分两层三孔布置，左、右岸中孔和左岸底孔泄水道，其有压段均由坝身穿过。明渠泄槽傍山布置，至尾水渠出口处将水流挑入河床。左中孔 8m×10m、右中孔 8m×10m、左底孔 5m×7m，泄流量分别是 2225m³/s、2240m³/s、1135m³/s，校核工况下总泄流量 6350m³/s（机组 750）。

图 1.2-7 为黄河龙羊峡水电站混凝土拱坝工程平面布置示意图。坝区基岩为花岗闪

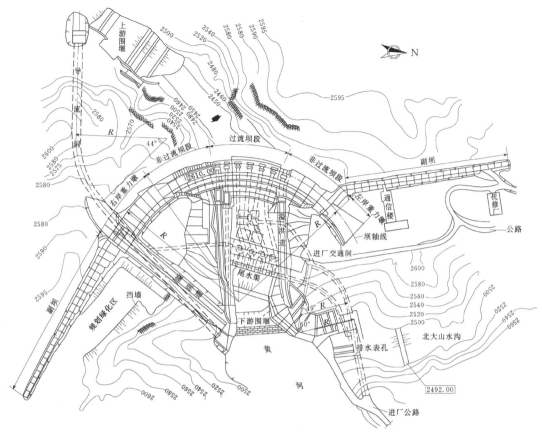

图 1.2 - 7　黄河龙羊峡水电站混凝土拱坝工程平面布置示意图

长岩，岩性坚硬；水电站枢纽由混凝土重力拱坝、左右岸副坝、泄水建筑物、引水建筑物、坝后厂房及厂坝段支撑结构并副厂房等组成。水库正常蓄水位 2600m，相应库容 247亿 m³，是黄河上游具有多年调节性能最大的一座水库。厂房装有 4 台单机容量 320MW的水轮发电机组，总装机容量 1280MW，挡水建筑物由混凝土重力拱坝、左右岸重力墩和混凝土副坝组成。重力拱坝坝顶高程 2610m，最大坝高 178m。最大底宽 80m，主坝分18 个坝段，前沿长 396m。坝后厂房机组引水道及中、深、底孔泄水道均从坝内通过，由于两岸地形均较坝顶高程低，为使拱端推力可靠地传向基础，左右岸设有重力墩。左右岸挡水副坝均为重力坝，其长度分别为 375m、341.5m，右岸副坝与重力墩之间设有宽 40m两孔开敞式溢洪道，挡水建筑物前沿总长 1227m。右岸设有两孔 12m×14.5m 的表孔溢洪道，堰顶高程 2585.5m，设圆柱铰弧形工作闸门及滑动平面检修门。底、深孔泄水道有压段分别布置在 11 号、12 号坝段内，进水口高程为 2480m 和 2505m，孔口尺寸均为5m×7m，设拱形滑动检修闸门、链轮平面事故闸门、圆柱偏心铰弧形工作闸门。左岸设中孔泄水道，有压段布置在主坝 6 号坝段内，进水口高程为 2540m，孔口尺寸为 8m×9m，设定轮平面检修闸门和圆柱铰弧形工作闸门。由于泄水建筑物（底孔、深孔、中孔、表孔）挑射水流，对下游河床的冲刷，直接影响两岸坝肩稳定，尤以左岸更为严重。电站水轮机采用单机单管引水系统，水电站厂房为坝后式厂房。

1.2.3　碾压混凝土（RCC）拱坝工程布置

碾压混凝土拱坝工程布置与常态混凝土拱坝工程布置基本一致，但也有区别。泄水建筑物布置应优先采用溢流表孔，坝身泄洪洞宜尽量少设置层数和孔口数量，以免影响碾压混凝土拱坝浇筑速度快的特点。中孔、深孔或底孔宜采用平底型式。引水发电系统宜采用引水式厂房或地下厂房，碾压混凝土拱坝引水发电进水口一般布置在坝身以外或岸边的重力墩上，以减少碾压混凝土施工干扰。当采用坝后式厂房时，应研究引（输）水管道布置，便于碾压混凝土施工。施工导流宜采用隧洞、明渠或利用碾压混凝土坝的缺口等导流方式。已建或在建的碾压混凝土拱坝中，绝大多数采用泄洪方式是拱坝坝身泄洪，仅布置表孔或中孔（或底孔），与碾压混凝土重力坝相比孔口尺寸相对较小，个别坝身设泄洪孔。当前碾压混凝土强度等级采用 C15、C20，最高达到 C25。万家口子碾压混凝土拱坝，最大坝高为 167.5m。由于碾压混凝土水泥含量少，拱坝裂缝易于控制，但受碾压混凝土强度的限制，坝高不可能无限制增加。同时坝体内部渗透性和浇筑层间结合需要引起设计者足够的重视。

图 1.2－8 为蔺河口水电站碾压混凝土拱坝工程平面布置示意图。坝址区岩性为变质

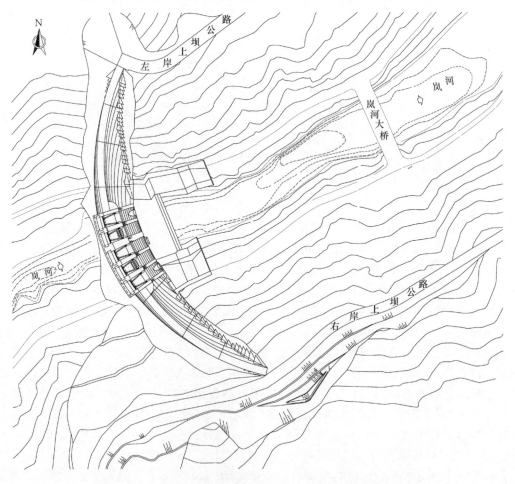

图 1.2－8　蔺河口水电站碾压混凝土拱坝工程平面布置示意图

含砾凝灰岩、变质砾凝灰岩和板岩，岩石坚硬。碾压混凝拱坝坝高 96.5m。坝身泄洪，布置 5 孔 9m×10.5m 泄洪表孔，设计和校核洪水时表孔下泄流量分别为 2400m³/s 和 3080m³/s。为了解决度汛导流问题，在坝体设置 2 孔临时导流底孔，左底孔尺寸为 5.5m×6m，右底孔尺寸为 5m×6m。泄洪洞位于左岸，由 5m×6.5m 的导流洞以"龙抬头"形式改建而成，最大泄流量 400m³/s。左岸岸边布置引水发电隧洞及压力管道总长为 2940m，洞径 6m。发电厂房位于坝下游岚河左岸，地面厂房安装 3 台 24MW 即总装机容量 72MW 水轮发电机，设计引用流量 93m³/s，最大发电水头 102.1m。

1.2.4 混凝土重力坝工程布置

通常情况下，混凝土重力坝工程布置中，泄水建筑物布置在大坝坝身，以坝身泄洪为主。工程布置重点研究输水发电系统的布置，主要从地质条件方面考虑建筑物的布置。在大坝较低部位结合施工期导流度汛和下闸蓄水期间满足河流不断流的临时生态放水，可设置多用途底孔，参与永久运行期间泄洪、排沙、放空、生态放水等功能需求。

图 1.2-9 为黄河刘家峡水电站混凝土重力坝工程平面布置示意图。拦河坝全长 840m，主体为整体混凝土重力坝，最大坝高 147m，左右岸各有副坝，溢洪道连接，其中右岸坝肩接头为黄土副坝。电站厂房设计为地下、坝后混合式，有 2 台机组及安装间在地下，3 台布置在坝后。当正常设计水位 1735m 时，相应库容为 57 亿 m³。电站设计总装机 1225MW，年均发电量 57 亿 kW·h，电站保证出力 400MW；经过几年的增容改造和扩机后，装机已达到 1390MW，加上新建排沙洞装机（2×150MW），截至 2019 年，总装机容量为 1690MW。

刘家峡水电站的泄洪建筑物由溢洪道、泄水道、泄洪洞及排沙洞组成。溢洪道为最大的泄水建筑物。在溢洪道设计中，原设计考虑溢流堰顶高程较高，每年库水位均可降至堰顶以下，所以没设检修门。经过多年运行，溢洪道进水口前淤积了大量的泥沙，库水位不能降至堰顶以下，工作闸门的检修已不能正常进行。

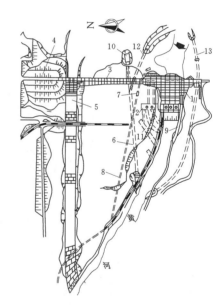

图 1.2-9 黄河刘家峡水电站混凝土重力坝
工程平面布置示意图

1—主坝；2—电站；3—副坝；4—土坝；5—溢洪道；
6—泄洪洞；7—排沙洞闸门井；8—排沙洞；9—泄水道；
10—进水塔；11—开关站；12—右导流洞；
13—左导流洞

为此在原工作闸门后增设一道叠梁检修闸门，闸门尺寸为 8.6m×10.5m，闸门底坎高程为 1714.00m，检修水位为 1724.5m。2018 年建成刘家峡洮河口排沙洞扩机工程，是利用"穿黄排沙"原理，导排洮河泥沙，将洮河严重泥沙不经过刘家峡水电厂大坝直接排至大坝下游，利用排沙洞装机发电。在左岸修建泄洪排沙底孔，进口正对洮河，汛期排沙期间，现场可以明显看到异重流现象，上部为黄河清水，下部为洮河含沙量大的黄泥水。

1.2.5   碾压混凝土重力坝工程布置

碾压混凝土重力坝工程布置同常态混凝土重力坝基本一致，但是，考虑到碾压混凝土水泥用料少，温控相对简单，大坝浇筑速度快，坝身要少设置泄洪洞，泄洪以溢流表孔为主，主要是为了简化混凝土分区，方便组织碾压混凝土施工。通常在大坝较低部位结合施工期导流度汛和下闸蓄水期间满足河流不断流的临时生态放水，可设置多用途底孔，及永久运行期间泄洪、排沙、放空、生态放水等功能需求。

在峡谷河段布置碾压混凝土坝，引水发电系统以引水式厂房或地下厂房为主；碾压混凝土重力坝引水发电进水口，宜采用岸式、塔式或坝式布置，以减少对碾压混凝土施工的干扰。

坝后式厂房的引（输）水管道，可根据工程的具体情况及利于碾压混凝土快速施工为原则进行布置。坝内埋管通常采用水平布置以减少常态混凝土的浇筑厚度，为其周边的碾压混凝土施工创造有利条件。中、低坝以采用坝内下部埋管布置为宜，高坝以采用坝内上部埋管、下接坝后背管为宜，坝内埋管高程也可结合碾压混凝土长间隙面进行布置。引（输）水管道的进水口一般布置在坝体碾压混凝土上游轮廓线以外，以减少对碾压混凝土施工的干扰。

图 1.2-10 为云南乌弄龙碾压混凝土重力坝工程平面布置示意图。坝址区岩性为变质砂岩、砂质板岩，岩石坚硬，适合布置 140m 级碾压混凝土重力坝。该工程泄洪流量巨大，布置坝身泄洪，右岸引水发电系统及地下厂房。

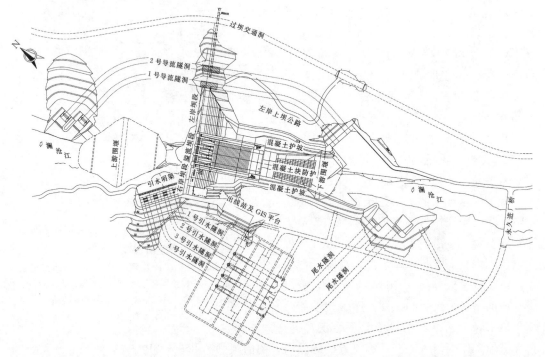

图 1.2-10   云南乌弄龙碾压混凝土重力坝工程平面布置示意图

泄洪建筑物布置在主河道，由 3 孔 15m×21m 的表孔和 1 孔底孔（3.5m×6m）、1 孔生态放水兼非常泄洪底孔（3.5m×6m）组成，3 个溢流表孔集中布置于河床中间，表孔坝段总宽 80m，堰顶高程 1885.00m，中墩厚 5m，边墩厚 4m，堰面为 WES 曲线。表孔采用宽尾墩与消力戽联合的消能方式。底孔位于溢流表孔左侧，生态放水兼非常泄洪底孔位于表孔右侧，底孔及生态放水孔分别与两侧边表孔处于同一坝段，坝段宽20m，采用有压坝身泄水孔，进口底板高程1835.00m。底孔及生态放水孔兼非常泄洪底孔均采用挑流消能方式。

1.3 水工建筑物水力设计

1.3.1 水力设计内容

泄、引（输）水等水工建筑物水力设计主要包括以下内容：
（1）控制堰、闸泄流能力的计算。
（2）泄槽、渠道水面线的计算。
（3）消能防冲冲坑深、挑距、水跃等计算。
（4）有压引水管（隧洞）的水头损失、水锤等计算。
（5）高速水流的空蚀计算。

泄水建筑物的水力设计，先要确定设计或校核洪水；引（输）水建筑物水力设计，也要确定设计流量。洪水标准、设计流量，要根据水利水电工程等别、建筑物级别确定。

1.3.2 泄水建筑物水力设计

枢纽工程布置中的泄水建筑物应能满足工程需要的运用条件和要求。建筑物运用应灵活可靠，其泄洪能力应满足宣泄设计洪水、校核洪水要求，应满足水库排沙、排污、排冰、生态放水的要求，宜研究设置放空或降低水库水位建筑物的必要性。

泄水建筑物的布置和结构型式，应根据地形、地质条件和泄洪规模、水头大小和防沙要求等综合比较后选定。

通常情况下，土石坝不允许水库水流漫顶翻坝而造成垮坝重大事故，混凝土拱坝或重力坝自身混凝土结构允许水流翻坝，因此，土石坝和混凝土坝泄水建筑物布置有所不同。土石坝泄水建筑物形式有岸边开敞式溢洪道（洞）、岸边中孔（深孔）泄洪洞、排沙孔、生态放水孔、放空洞等，可满足工程各种功能的需要；混凝土拱坝或重力坝泄水建筑物形式有表孔溢流坝、中（深或底）孔泄洪洞、排沙孔、生态放水孔、放空洞等以坝身泄洪为主，同时设置有岸边溢洪道、岸边中孔（深孔）泄洪洞等满足工程坝身泄洪外需的建筑物。

1.3.2.1 开敞式溢洪道或溢洪洞

在地形有利的坝址，可采用开敞式溢洪道或溢洪洞，宜以开敞式溢洪道为主要泄洪建筑物；在布置开敞式溢洪道确有困难时，也可采用进口为开敞式，下接明流隧洞（亦称溢洪洞）的形式。对于土石坝，泄水建筑物宜布置在岸边岩基上，以布置岸边开敞式溢洪道或溢洪洞为主，辅助布置泄洪隧洞明流洞或有压洞。岸边溢洪洞一般对于土石坝坝址河谷两岸岸坡陡峻、开敞式溢洪道无法布置，岸边溢洪洞超泄能力强，但岸边溢洪洞属于明流洞，进口为开敞式低堰，隧洞断面尺寸较大，工程量较大，施工期大断面隧洞风险较大。

根据表1.3-1统计，国内外岸边大流量溢洪道安全运行多年，开敞式溢洪道单孔泄

表1.3-1

国内外典型土石坝泄洪设施泄流量分配表

工程名称	建设状况	坝高/m	校核洪水泄流量/(m³/s)	岸边溢洪道（洞）			岸边泄洪洞（或放空洞）			
				校核泄流量/(m³/s)	孔数-孔口尺寸（宽×高）/(m×m)	泄流量占比	孔数-孔口尺寸（宽×高）/(m×m)	设计水头/m	校核泄流量/(m³/s)	泄流量占比
中国糯扎渡水电站	已建	261.5	37970	31318	8－15×20	0.82	泄洪洞1－5×8.5	103	3395	0.09
							右岸泄洪洞1－5×8.5	125.7	3257	0.09
中国洪家渡水电站	已建	179.5	6234	4591	2－10×18	0.74	泄洪洞1－6.8×9	84	1643	0.26
马来西亚巴贡巴贡水电站	已建	205	14600	14600	4－15×19	1.00	无			
中国江坪河水电站	已建	219	8850	7521	2－14×22	0.85	泄洪放空洞1－6×6	103	1329	0.15
中国猴子岩水电站	已建	223.5	9561	4036	1－15×24	0.42	左岸深孔泄洪洞1－12×9	64	2987	0.31
							非常竖井泄洪洞塞消能泄洪洞1－9×11，竖井直径11，水平直径12 后导流洞为城门型洞断面尺寸为13×15	56	1470	0.15
							泄洪放空洞1－6×5	87	1068	0.11
中国瀑布沟水电站	已建	186	10359	6941	3－12×17	0.67	无压泄洪洞1－11×11.5	55	3418	0.33
中国玛尔挡水电站	在建	203	8530	6816	3－11×17	0.80	放空洞1－6.5×8，挡水头125	80	1398	0
							泄洪放空洞1－7×8	100	1723	0.20
中国积石峡水电站	已建	103	7180	3446	1－15×21	0.48	中孔泄洪洞1－8×10	52	2314	0.32
							泄洪排沙孔1－φ8	61	1420	0.20
中国苗家坝水电站	已建	111	3425	2520	1－15×16	0.74	泄洪排沙洞1－6.6×6，洞断面φ7.7	55	905	0.26
中国公伯峡水电站	已建	132.2	6738	4495	2－12×18	0.67	旋流洞1－12×15	16	1060	0.16
							左岸泄洪排沙洞断面φ8.5	70	1183	0.18
中国两河口水电站	在建	295	8216	4055	1－16×21	0.49	深孔泄洪洞1－8×12	60	2944	0.36
							竖井泄洪洞1－8×6，竖井直径12	25	1216	0.15
							放空洞1－7×11	125.27	2455	
中国双江口水电站	在建	314	8102	4138	1－16×22	0.51	深孔泄洪洞1－9×7，竖井直径12	60	2768	0.34
							放空洞1－7×6.5	25	1196	0.15
								120	1286	

流量已经达到 3500～4000m³/s，堰上水头为 20～22m，单宽最大 15m 为已建积石峡水电站，在建为两河口和双江口水电站溢洪道单宽为 16m。按水库运行要求，溢洪道工作闸门孔口尺寸宽度最大到 16m，高度最大 21m，闸门的推力大。积石峡溢洪道预应力闸墩单根锚索达到 5000kN 级。据统计，国内外岸边开敞式溢洪道可布置为单孔单槽、二孔二槽、三孔三槽等。为了降低高边坡且减少投资可采用二孔一槽、三孔一槽、四孔一槽、四孔二槽、五孔一槽，但是，水流在闸墩尾产生菱形波，泄槽内水流流态复杂，闸门运行也复杂。三板溪水电站溢洪道为三孔一槽，梨园水电站溢洪道为四孔一槽，天生桥一级水电站溢洪道为五孔一槽，糯扎渡水电站溢洪道两个三孔一槽和中间一个二孔一槽，马来西亚巴贡水电站溢洪道为四孔二槽。最终选取根据水工模型试验、泄洪运行方式、工程技术难度和经济性综合确定。岸边开敞式溢洪道是一个超泄能力强安全度较高的泄洪消能建筑物，实际工程采用较多。

1.3.2.2 坝身泄洪（溢流表孔、中孔或深孔）

对于混凝土重力坝、拱坝，坝址区地质条件较好，岩石坚硬完整，泄水建筑物布置，应考虑坝身泄洪，布置溢流表孔、坝身泄水孔等，消能设施为水垫塘或消力池。从工程安全经济角度，坝身泄洪最大流量不超过 30000m³/s，再布置岸边泄洪建筑物，溢洪道或溢洪洞、泄洪隧洞明流洞或有压隧洞。对于河谷狭窄的河床式厂房或坝后式厂房，泄水建筑物采用厂顶溢流，例如新安江水电站、漫湾水电站；也有布置厂内泄洪，例如黄河炳灵水电站、汉江蜀河水电站等。厂顶溢流水垫塘和电站尾水结合，水垫塘检修、修复与发电过流矛盾突出；厂内泄洪进口与电站进口重叠，进口水流对拦污珊、检修门等影响较大，泄洪出口与电站尾水结合，消力池紊动水流对尾水影响较大。坝身泄洪与坝后水垫塘结合消能，单位水体消能率不大于 20kW/m³，例如：白鹤滩水电站拱坝坝后水垫塘消能率为 17.08kW/m³。水垫塘底板动冲击压强不大于 15×9.8kPa/m³。白鹤滩水电站、拉西瓦水电站、小湾水电站基本按此要求控制。

1.3.2.3 岸边泄洪洞

岸边泄洪洞一般对于土石坝、混凝土坝都适应。拱坝或重力坝坝身泄洪无法满足总泄量要求，还需要布置岸边中孔或深孔泄洪、隧洞泄洪。对于高坝，此方式起到了分层泄洪作用，泄洪运行更灵活方便。岸边泄洪洞一般布置有压短管进口接明流洞，或者有压洞接无压洞两种形式。

国内外岸边大流量泄洪洞安全运行多年，单洞泄量已经达到 4000～5000m³/s，水头（上、下游水位差）均为 150～200m。按水库运行要求，泄洪洞闸门工作水头较高，基本为 20～80m，工作门孔口尺寸宽度最大为 16m，高度最大为 19m。因此，闸门的推力很大，成为泄洪洞设计主要控制因素。白鹤滩水电站泄洪洞弧门推力（水平推力）为 88000kN，溪洛渡水电站泄洪洞弧门推力 90720kN 为已建水电站中最大。为了降低弧门推力，泄洪洞也有采用双孔闸门，但是，单洞双门存在中墩和两侧边墙收缩，使水流在墩尾产生菱形波，水流流态复杂。国内外工程如中国洪家渡水电站、美国胡佛大坝、墨西哥奇科阿森水电站等工程采用单洞多门进水，但进水口流速小，对洞内水流扰动较小。

1.3.2.4 泄洪放空洞、放空洞、生态放水洞、施工后期导流底孔（洞）

近年来，安全可靠和生态文明成为工程设计新理念。土石坝拦挡的水库要求设置放空设施，混凝土拱坝、混凝土重力坝拦挡的水库也要求放空。对于 200m 以下的大坝，结合放空水库 1/2 库容，大坝承受的荷载减少 1 倍，大坝是安全的。同时考虑到闸门运行安全性和泄洪建筑物高流速汽蚀破坏等因素，工作水头一般控制在 90m 之内。此时，放空洞参与泄洪，不单独设置放空洞。青海黄河玛尔挡水电站混凝土面板堆石坝，考虑到坝前铺盖高程上 30m 设置泄洪放空洞，满足潜水员 30m 潜水深度，可以满足水库放空要求，同时考虑参与泄洪，工作闸室闸门工作水头 100m。据统计，大多数泄洪放空洞闸门运行水头控制在 90m 之内。

通常单独设置放空洞予以放空水库的功能。一般情况下，由于工作水头高，不参与泄洪，仅通过泄水建筑物从表孔、中孔接力放空水库。闸门挡水水头可达到 120～150m（从水库最高水位或校核水位至闸室底板高程），运行水头控制在 90m 之内。

随着国家将生态文明建设提升到国家战略层面，水利水电工程从施工期到永久运行期保持河流不断流，满足泄放生态流量，而设置生态放水孔或洞。为满足施工期下闸蓄水不断流，需要设置施工期生态放水孔或洞；为满足运行期生态泄流要求，需要设置永久生态放水孔或洞。根据环保部门要求，生态放水孔或洞仅参与施工期导流和水库放空任务，不能参与水库泄洪任务。

施工后期利用导流底孔或洞度汛。当大坝超过围堰高程，一般工程在大坝较低位置设置导流底孔或洞，满足工程的度汛要求。同时，还起到控制下闸闸门挡水水头不超过闸门制作水平和闸门槽支承混凝土结构不被破坏（目前国内下闸闸门挡水水头最高 150m）。对于高坝，控制挡水水头意味着后期导流底孔或洞较长时间泄水，引起泄水建筑物空蚀破坏和泄洪雾化对两岸山体及道路的冲刷，所以，必须研究分期发电。鉴于导流洞封堵工期一般在 6 个月以上，分期发电机组安装调试工期一定要尽可能缩短，这样才能够减少后期导流底孔或洞泄水时间，避免泄水建筑物破坏和泄洪雨雾的影响。施工后期导流底孔或洞施工期封堵，也可以作为放空洞预留。比如拉西瓦水电站，左底孔封堵，右底孔保留作为放空底孔，不参与泄洪；挡水水头 132m，运行水头 90m。小湾水电站放空洞挡水水头达到 160m 多，实际上，小湾水电站放空底孔底板高程 1080m，校核水位 1242.51m，水头 162.51m；正常蓄水位 1240m，水头 160m。因此，小湾水电站放空底孔闸门最大挡水水头 162.51m。

放空洞、生态放水洞、施工后期导流底孔（洞）运行概率相对较少，放空洞一般遇到地震、紧急情况、检查维修等情况下才运行。据统计，放空洞设计流量按多年平均流量的 2 倍以上。两河口水电站坝址多年平均流量 664m³/s，放空洞设计流量 2455m³/s；双江口水电站坝址多年平均流量 500m³/s，放空洞设计流量 1286m³/s；江达水电站坝址多年平均流量 448m³/s，放空洞设计流量 860m³/s。其生态放水洞具有典型综合利用功能：①永久生态放水，死水位 3832m，满足下放流量 179m³/s，生态放水是在机组检修或故障时才启用，使用的概率较小；②满足施工期索否沟导流流量 28.7m³/s；③水库维修检查、地震或大坝监测异常情况下，进行放空水库，可以放到坝前铺盖高程；④施工后期导流、下闸蓄水时，控制库水位不能超过闸门允许水头。

1.3.2.5 泄洪设施的泄量分配

泄洪消能水力设计影响因素较多，包括总水头（由坝高确定）、总能量（坝高和泄水流量共同确定）、坝型（混凝土坝可以过水，以坝身泄洪为主，而土石坝坝身不能过水，以岸边泄洪为主)、地形(狭窄河谷和宽浅河谷泄洪雨雾对自然边坡影响范围不同)、地质(地质岩性坚硬程度、完整性决定泄洪能量冲刷或影响坝基、边坡的安全稳定)、水库运行方式、应急安全情况、检修维修、河流的生态要求、当前泄洪消能建筑物新技术水平、金属结构闸门技术水平等综合考虑,泄洪设施布置遵循"分散泄洪、分区消能"的原则。

土石坝通常布置为岸边开敞式溢洪道,消能防冲形式为挑流或底流消能。中孔泄洪洞布置同侧或异侧都可以,消能防冲设置为挑流或底流方式。底孔一般具有水库放空、冲沙、下闸蓄水期控制水位抬升、生态流量等功能,消能防冲宜为挑流或底流方式。土石坝的几个泄洪设施尽可能布置在一个消能区。

根据表1.3-1统计分析,土石坝溢洪道和泄洪洞泄流量分配中,溢洪道泄流量占42%～100%,泄洪洞泄流量占15%～36%,主要以溢洪道泄流量为主,常遇洪水时也是以溢洪道泄流为主。主要原因:①溢洪道超泄洪水能力强;②低堰,工作闸门水头较低,弧门开启方便灵活;③泄槽为明槽,高流速段掺气直接和大气相连接。

混凝土坝布置一般以坝身泄洪为主,流量大的河流满足坝身泄洪的限制泄流量,可布置岸边开敞式溢洪道(溢洪洞)。坝身泄洪一般布置三层:表孔、中孔和底孔。坝身泄洪宜为挑流方式,消能防冲选择水垫塘(或护岸不护底),布置一个消能区。底孔一般起到水库放空、冲沙、施工期导流、泄放生态流量等作用。

根据表1.3-2、表1.3-3统计分析,高拱坝坝身泄洪流量占比为61%～100%,岸边泄洪洞泄洪流量占比为18%～39%,主要以坝身泄洪为主。主要原因:①混凝土坝坝身泄洪消能区集中坝址下游,距离大坝较近,岩石坚硬完整,消能防冲为水垫塘,节省投资;②超标准洪水翻坝不会造成大坝破坏;③坝身孔口高流速段掺气直接和大气相连接,掺气可靠方便。

表1.3-2　　　　　国内外典型高拱坝坝身和岸边泄洪洞泄流量分配表

工程名称	建设状况	坝高/m	校核洪水泄流量/(m³/s)	坝身泄洪表孔和孔(或放空洞)				岸边泄洪洞			
				孔数	孔口尺寸(宽×高),设计水头/m	校核泄流量/(m³/s)	泄流量/(m³/s)/占比	孔数-孔口尺寸(宽×高)/(m×m)	设计水头/m	校核泄流量/单洞泄流量/(m³/s),单宽流量/[m³/(s·m)]	泄流量占比
中国乌东德水电站	在建	270	入库洪峰42400,出库39444	5个表孔	12×16,16	18883	28732/0.73	3-14×10	65	10712/3571,248.5	0.27
				6个中孔	6×7,90	9849					
中国白鹤滩水电站	在建	289	入库洪峰46100,出库42355	6个表孔	14×15,15	17991	30098/0.7	3-15×9.5	60	12257/4086,256	0.3
				7个深孔	5.5×8,106	12107					
中国锦屏一级水电站	已建	305	入库洪峰15400,出库13394	4个表孔	11×12,12	4508	10074/0.7	1-13×10.5	55	3320/3320,270	0.3
				5个深孔	5×6,90	5566					

工程名称	建设状况	坝高/m	校核洪水泄流量/(m³/s)	坝身泄洪表孔和孔(或放空洞)				岸边泄洪洞			
				孔数	孔口尺寸(宽×高),设计水头/m	校核泄流量/(m³/s)	泄流量/(m³/s)/占比	孔数—孔口尺寸(宽×高)/(m×m)	设计水头/m	校核泄流量/单洞泄流量/(m³/s),单宽流量/[m³/(s·m)]	泄流量占比
中国小湾水电站	已建	292	入库洪峰29684,出库20700	5个表孔	11×15,15	8625	16889/0.89	1—13×13.5	40	3800/3800,196	0.18
				6个中孔	6×6.5,90	8264					
				2个放空底孔	5×7,162.51						
中国溪洛渡水电站	已建	278	入库洪峰52300,出库49225	7个表孔	12.5×13.5,13.5	19397	30089/0.61	4—14×12	60	19570/4128,278	0.39
				8个深孔	6×6.7,100.5	12880					
中国拉西瓦水电站	已建	254	6316	3个表孔	13×9,9	3960	6316/1	—			0
				2个深孔	5.5×6,90	2356					
				2个放空底孔	4×9,132						
中国二滩水电站	已建	240	23900	7个表孔	11×11.5,12	9500	16450/0.68	2—13×13	37	7600/3800,303	0.32
				6个中孔	6×5,80	6950					
				4个放空底孔	3×5.5,120						
美国胡佛大坝	已建	221.4	11400	—		0		鼓型门左右岸各一条(4—5)×30	150	11400/5670,142	1
美国格伦峡大坝	已建	216	8240	—		0		2—12.2×16	175	7800/3900,160	1
美国黄尾坝	已建	160	2600	—		0		2—7.63×19.6	141	2600/2600,45	1
俄罗斯萨扬扬水电站	已建	242	13600	11中孔	5×6,117	13600	13600/1	—			0

工程名称	建设状况	坝高/m	校核洪水泄流量/(m³/s)	坝身泄洪表孔和孔(或放空洞)				岸边泄洪洞			
				孔数	孔口尺寸(宽×高)、设计水头/m	校核泄流量/(m³/s)	泄流量/(m³/s)/占比	孔数—孔口尺寸(宽×高)/(m×m)	设计水头/m	校核泄流量/单洞泄流量/(m³/s),单宽流量/[m³/(s·m)]	泄流量占比
非洲莫桑比克卡博拉巴萨水电站	已建	163.5	13100	8深孔	6×7.8,86	13100	13100/1	—			0
台湾德基水电站	已建	181	6400	5表孔	11×4.5,5	1400	3000/0.47	1条5孔闸每孔宽9.3自由溢流马蹄形无压隧洞	161	3400/3400,293	0.53
				2中孔	4.3×6.4,60.9	1600					
洪都拉斯埃尔卡洪水电站	已建	234	8590	4表孔	宽15,水头5	2000	2900/0.45	2条左岸有压泄洪洞,单洞2—4×9.5	180	4000/2000,250	0.47
				3底孔	2—3×4.8,118	1900					

表 1.3-3　国内典型混凝土(含 RCC)重力坝坝身泄洪泄流量分配表

工程名称	最大坝高/m	孔口型式	孔数—孔口尺寸(宽×高)/(m×m)	闸门型式	工作水头/m	泄流量/(m³/s)	单宽泄流量/[m³/(s·m)]	泄流量占比	消能方式
五强溪水电站混凝土重力坝	87.5	表孔	9—19×23	弧形门	26.74	50522	268	0.9	宽尾墩+消力池
		中孔	1—9×13	弧形门	38.2	2586	287	0.05	
		深(底)孔	5—3.5×7	弧形门	47.2	3015	172	0.05	
岩滩水电站混凝土重力坝	110	表孔	7—15×22.5	弧形门	27.2	32164	308	0.97	宽尾墩+戽式消力池
		深(底)孔	1—5×8	弧形门	53.2	1051	210	0.03	
大朝山水电站混凝土重力坝	111	表孔	5—14×17.8	弧形门	23.89	16646	—	0.72	宽尾墩+台阶堰面+戽式消力池
		底孔	3—7.5×10	弧形门	59	6479	—	0.28	
龙滩水电站RCC重力坝	216.5	表孔	7—15×20	弧形门	24.34	35500	338	1	挑流
		底孔放空、排沙兼导流	2—5×8	弧形门	89.34	—	—		
向家坝水电站混凝土重力坝	161	表孔	5—19×26	弧形门	27.42	30689	323	0.63	底流
		中孔	7—7×11	弧形门	76.42	18037	368	0.37	
宝珠寺水电站混凝土重力坝	132	表孔	2—15×17.3	弧形门	23.7	5796	193	0.41	挑流
		中孔	2—13×15	弧形门	34.7	6302	242	0.44	
		深(底)孔	4—4×8	弧形门	64.7/84.7	1871/2178	234/272	0.11	
鲁地拉水电站RCC重力坝	140	表孔	5—15×19	弧形门	20.97	15554	207.4	0.79	宽尾墩+消力戽
		底孔	2—6×9	弧形门	68	3204	267	0.16	挑流
		底孔	1—5×7	弧形门	49.5	899	179.8	0.05	挑流

续表

工程名称	最大坝高/m	孔口型式	孔数一孔口尺寸（宽×高）/(m×m)	闸门型式	工作水头/m	泄流量/(m³/s)	单宽泄流量/[m³/(s·m)]	泄流量占比	消能方式
乌弄龙水电站 RCC 重力坝	124.5	表孔	3—15×21	弧形门	22	10466	233	0.94	宽尾墩+消力戽
		底孔	1—3.5×6	弧形门	71	639	183	0.06	挑流
		生态放水兼非常泄洪底孔	1—3.5×6	弧形门	71	639	183		挑流
光照水电站 RCC 重力坝	200.5	表孔	3—16×20	弧形门	21	9857	205	0.93	窄缝消能
		底孔	1—4×6.5	弧形门	挡水水头107m，工作水头85m	799	200	0.07	挑流

根据表 1.3-4 统计分析，高拱坝坝身泄洪流量分配，校核洪水工况下，表孔泄流量占比为 45%～64%，中孔泄流量占比为 36%～55%；设计洪水工况下，表孔泄流量占比为 35%～65%，中孔泄流量占比为 37%～65%；表孔泄洪流量偏大，中孔次之。主要原因是两层泄洪设施让水流纵向拉开，减轻了水流集中冲击底板，底板冲击压力可按 15m 水柱控制。底孔基本不参与泄洪，主要是水库放空、施工期导流。

表 1.3-4　　　　国内典型特高拱坝坝身表、中、底孔泄流量分配表

工程名称	坝身泄洪孔	孔数	泄流量/(m³/s)		表孔、深（中）泄流量占比	
			校核	设计	校核	设计
二滩水电站	表孔	7	9500	6260	0.58	0.47
	中孔	6	6950	6930	0.42	0.53
拉西瓦水电站	表孔	3	3960	1934	0.63	0.46
	深孔	2	2356	2285	0.37	0.54
锦屏一级水电站	表孔	4	4508	2993	0.45	0.35
	深孔	5	5566	5460	0.55	0.65
溪洛渡水电站	表孔	7	19397	9282	0.6	0.43
	深孔	8	12880	12360	0.4	0.57
构皮滩水电站	表孔	6	15080	9324	0.58	0.47
	中孔	7	10767	10395	0.42	0.53
小湾水电站	表孔	5	8625	5530	0.51	0.41
	中孔	6	8264	8038	0.49	0.59
白鹤滩水电站	表孔	6	19105	13619	0.64	0.56
	深孔	7	10950	10704	0.36	0.44
乌东德水电站	表孔	5	17430	11143	0.64	0.54
	中孔	6	9670	9306	0.37	0.46

根据表 1.3-2、表 1.3-5 统计分析，表孔工作水头控制在 9～16m 范围内；中（深）孔工作水头控制在 60～101m 范围内；底孔工作水头控制在挡水水头 120～160m、操作水

头 80～120m。

表 1.3－5　国内外典型高拱坝坝身中、深、底孔闸门孔口尺寸及工作水头统计表

工程名称	中孔		深孔		导流底孔或底孔	
	孔口尺寸（宽×高）/（m×m）	工作水头/m,工作弧门水推力/t	孔口尺寸/（m×m）	工作水头/m,工作弧门水推力/t	孔口尺寸（宽×高）/（m×m）	工作水头/m,工作弧门水推力/t
中国龙羊峡水电站	8×9	60，3996	5×7	95，3203	5×7	120，4078
中国东风水电站	2－5×6、1－3.5×4.5 兼顾排沙	80，2310/1382			6.3×9 导流底孔封堵	90，4848
中国二滩水电站	6×5	80，2325			4－3×5.5	120（挡），1935 80（运），1275
中国拉西瓦水电站			2－5.5×6	90，2871	2－4×6，1孔导流期间封堵，1孔留作永久放空水库	132（挡），3096 110（运），2568
中国锦屏一级水电站			5－5×6	91，2640	5－4×6，2孔放空、3孔封堵	130（挡），— 100（封堵），—
中国溪洛渡水电站			8－6×6.7	100.5，3906	4－3.5×8、6－5×10	7～10号封堵90，1号、2号、5号、6号封堵52，3号、4号封堵130 7～10号封堵2408，1号、2号、5号、6号封堵2350，3号、4号封堵6250
中国构皮滩水电站	7×6	80，3234			4×6	140（挡），3288 85（运），1968
中国小湾水电站	6×6.5	90，3383			5×7	160（挡），5478 120（运），4078
中国白鹤滩水电站			7－5.5×8	101，4268	4－5×7、3－6×10，施工期全部封堵	封堵水头110，3728 封堵水头182，10620
中国乌东德水电站	6×7	90，3633				
俄罗斯萨扬水电站			8－5×6	117，3420		
非洲卡博拉巴萨水电站	8－6×7.8	85，3613				
中国台湾德基水电站	2－4.3×6.4	60.9，1563				
洪都拉斯埃尔卡洪水电站					2－3×4.8	118，1665

　　根据表 1.3－6 统计分析，不论是土石坝还是混凝土坝，岸边大流量泄洪洞最大单洞流量，国外为已建的墨西哥奇科森水电站，为 5790m³/s，国内为已建的洪家渡水电站，

为 4500m³/s。其余大部分为 3500~4000m³/s。上、下游水头差在 71.6~206m 范围之间。工作闸门尺寸在 4.9m×4.9m 与 16m×10m 之间，一般为 13m×13m；工作水头为 18~75m，一般为 60m。洞身断面尺寸在 7.2m×11.3m 与 15m×18m 之间，一般为 14m×18m。最大流速为 34~53m/s，一般为 45m/s。

表 1.3-6　　　　　　　　　国内外岸边大流量泄洪洞特性统计表

工程名称	坝型	泄洪洞型式	水头差/m	工作门孔口尺寸(宽×高-工作水头)/m	洞身断面(宽×高)/(m×m)	最大流速/(m/s)	最大单洞泄流量/(m³/s)	备注
中国冯家山水库	心墙坝	龙抬头	71.6	4.9×4.9-70	7.2×11.3	34	1140	已建
中国刘家峡水电站	重力坝	龙抬头	115	8×9.5-60	8×12.9	45	2105	已建
中国东风水电站	拱坝	龙抬头	150	12×12-20	12×17.5	40	3410	已建
中国二滩水电站	拱坝	龙抬头	180	13×13-40.5	13×13.5	45	3800	已建
中国洪家渡水电站	面板堆石坝	洞式溢洪道	150	2-10×18-18	14×21.54	40	4500	已建
中国瀑布沟水电站	心墙坝	陡槽	172	11×11.5-75	12×16.5	55	3418	已建
中国构皮滩水电站	拱坝	陡槽	148	10×9-80	10×14	43	3060	已建
中国溪洛渡水电站	拱坝	龙落尾	198	14×12-60	14×19	47	4128	已建
中国小湾水电站	拱坝	龙抬头	200	13×13.5-43	14×15	45	3811	已建
中国锦屏一级水电站	拱坝	龙落尾	206	13×10.5-55	13×17	50	3320	已建
中国白鹤滩水电站	拱坝	龙落尾	200	16×10.5-60	15×18	47	4100	在建
中国乌东德水电站	拱坝	有压接无压	134	14×10-65	14×17	35.7	3535	在建
塔吉克斯坦罗贡水电站	心墙坝	龙抬头	180	3-14×6.5	14×18	45	3500	已建
墨西哥奇科阿森水电站	直心墙堆石坝	龙抬头	180	9.7×22	直径 15		5790	已建
美国胡佛大坝	拱坝	龙抬头	150	鼓型门 8-5×30	直径 15.56	53	5670	已建
美国格伦峡大坝	拱坝	龙抬头	175	2-12.2×16	直径 12.5	50	3900	已建
美国黄尾坝	拱坝	龙抬头	141	2-7.63×19.6	直径 12.35/9.75		2600	已建

1.3.3　引（输）水建筑物的水力设计

引（输）水建筑物布置宜先考虑综合利用的要求，将引水建筑物布置岸边或坝身，一般采用有压管道或有压隧洞、明渠或无压隧洞的结构型式。

城镇供水方式包括无压重力输水、有压重力输水、加压输水、重力和加压组合输水等。当高差足够、地形适宜时且输送水量较大时，可采用明渠输水方式；当输水量较小时，不宜采用明渠输水方式；当高差足够、距离较长，地形适宜时，可采用无压重力暗渠输水方式；采用无压暗渠或无外加动力非满流管道输水时，应设置检查井和通气设施。在一般情况下，当有足够的可利用输水地形高差时，宜优先选用有压重力流输水；应充分利用地形高差，使输送设计流量所采用的观景最小，以获得最佳经济性；重力流输水的最大流速不宜大于3m/s，当流速大于3m/s时，应经过水锤分析计算设置减压消能装置和其他水锤防护措施。当没有可利用的输水地形高差时，可选用水泵加压水水方式；当水泵总扬程不大于90m时，且输水距离不大于50km时，宜采用单级加压方式；当水泵总扬程大于90m时，应通过技术经济综合比较，选择加压级数。在可利用输水地形高差较小时，可选用重力和加压组合输水方式；当采用多级重力和加压组合输水方式时，应设置流量调节设施，避免造成管道发生断流水锤。

1.3.4 水工建筑物的高速水流问题

流速大于15m/s为高速水流。高速水流本身会出现空穴、掺气、脉动荷载等水力现象，对水工建筑物的正常运行产生很大影响。

空穴就是高速水流在快速流动中产生负压泡。负压泡出现在水工建筑物表面，随机交替出现溃灭—产生，瞬态产生水力冲击，引起建筑物表面破坏，称为空蚀破坏。

掺气就是高速水流和大气接触处带动气体混入水体表面形成水气二相流，由于掺气造成水体膨胀，对于开敞式泄水建筑物造成水流翻越边墙，对于无压泄洪洞造成净空不足。对于有压隧洞，气体进入洞内，使得水流中饱含气体，然后在有压隧洞顶部聚集，在一些部位形成气囊，气囊占去隧洞断面的40%，导致该处的流速增大70%，在隧洞逸出时产生水力冲击。这种冲击力非常大，对隧洞造成巨大破坏。

高速水流随着时间变化而产生脉动，脉动有流速脉动和压力脉动。水流的流速越大，流速与压力的脉动就愈强。流速和压力的脉动对水工建筑物正常运行影响很大，如果考虑不足，往往导致水工建筑物严重破坏，比如泄槽底板掀起，消力池或水垫塘底板破坏。水流脉动的流速脉动和压力脉动荷载，引起结构疲劳破坏，比如龙羊峡水电站中孔泄洪洞泄槽部位，2018年汛期，泄流30天边墙正常无破坏，运行超过30天后泄槽边墙局部钢筋露出混凝土破坏。

水流产生空穴引起水工建筑物空蚀破坏，由于空穴泡里面为负压，所以，解决的有效措施也就是人工掺气，保护建筑物表面不被气蚀。掺气，不管是自然掺气还是人工掺气，对于开敞式泄水建筑物或无压隧洞，措施就是增加边墙高度、增加洞室净空面积，对于有压隧洞避免进水口淹没深度不够形成立轴漩涡裹入气体。挑流水舌因掺气能量损耗大而减轻对下游河道冲刷，产生的泄洪雨雾需要采取工程措施加以防护。比如雨雾区边坡加固处理、雨雾区道路、建筑物、开关站以及电气设备需要进行防护设计。水流掺气后，水中含氧量增加，对防止水质污染、水生物生长等非常有益，某些水库利用掺气增加水中含氧量是最有效的方法。

1.4 工程等别及建筑物级别的确定

工程等别是为了适应建设项目不同设计安全标准和分级管理的要求。水利水电工程按照库容大小和装机容量，对工程建设规模进行分类。按水利行业标准，水利水电工程划分五等，即Ⅰ、Ⅱ、Ⅲ、Ⅳ、Ⅴ等（用罗马字母表示），Ⅰ、Ⅱ等对应大型工程，Ⅲ等对应中型工程，Ⅳ、Ⅴ等对应小型工程。按电力行业标准，水电枢纽工程包括抽水蓄能电站的工程等别，根据其在国民经济建设中的重要性按照水库总库容和装机容量划分为五等，即一、二、三、四、五等（用汉字表示），一、二等对应大型工程，三等对应中型工程，四、五等对应小型工程。按国家标准，水利水电工程划分五等，即Ⅰ、Ⅱ、Ⅲ、Ⅳ、Ⅴ等（用罗马字母表示），Ⅰ等对应特大型工程、Ⅱ等对应大型工程、Ⅲ等对应中型工程、Ⅳ、Ⅴ等对应小型工程。不管水利行业还是电力行业的工程等级标准，应首先按国家标准执行，行业标准高于国家标准，可取工程等别为高者。

水工建筑物级别是根据水工建筑物所属工程等别及其在该工程中的作用和重要性所体现的对设计安全标准的不同要求，在具体的水利水电工程中，永久性水工建筑物的级别高于临时性水工建筑物，主要建筑物级别高于次要建筑物级别，水工建筑物级别越高，设计安全标准也越高。

1.4.1　国家标准

国家标准《防洪标准》（GB 50201—2014）规定，水利水电工程的等别，应根据其工程规模、效益和在经济社会中的重要性，按其综合利用任务和功能类别或不同工程类型予以确定，见表1.4-1～表1.4-5。

表 1.4-1　　　　　　　　　　防洪、治涝工程的等别

工程等别	防洪		治涝
	城镇及工矿企业的重要性	保护农田面积/万亩	治涝面积/万亩
Ⅰ	特别重要	≥500	≥200
Ⅱ	重要	<500，≥100	<200，≥60
Ⅲ	比较重要	<100，≥30	<60，≥15
Ⅳ	一般	<30，≥5	<15，≥3
Ⅴ		<5	<3

表 1.4-2　　　　　　　　　　供水、灌溉、发电工程的等别

工程等别	工程规模	供水			灌溉	发电
		供水对象的重要性	引水流量/(m³/s)	年引水量/亿m³	灌溉面积/万亩	装机容量/MW
Ⅰ	特大型	特别重要	≥50	≥10	≥150	≥1200
Ⅱ	大型	重要	<50，≥10	<10，≥3	<150，≥50	<1200，≥300
Ⅲ	中型	比较重要	<10，≥3	<3，≥1	<50，≥5	<300，≥50
Ⅳ	小型	一般	<3，≥1	<1，≥0.3	<5，≥0.5	<50，≥10
Ⅴ			<1	<0.3	<0.5	<10

注　1. 跨流域、水系、区域的调水工程纳入供水工程统一确定。

2. 供水工程的引用流量指渠首设计引水流量，年引水量指渠首多年平均年引水量。

3. 灌溉面积指设计灌溉面积。

4. 以城市供水为主的工程，应按供水对象的重要性、引水流量和年引水量三个指标拟定工程等别，确定等别时应至少有两项指标符合要求。

5. 以农业灌溉为主的供水工程，应按灌溉面积指标确定工程等别。

表 1.4－3 　　　　　　　　　　　通 航 工 程 的 等 别

工程等别	航道等级	设计通航船舶吨级/t	工程等别	航道等级	设计通航船舶吨级/t
Ⅰ	Ⅰ	3000	Ⅳ	Ⅴ	300
Ⅱ	Ⅱ	2000	Ⅴ	Ⅵ	100
	Ⅲ	1000		Ⅶ	50
Ⅲ	Ⅳ	500			

注 1. 设计通航船舶吨级是指通过通航建筑物的最大船舶载重吨,当为船队通过时指组成船队的最大驳船载重吨。
　　2. 跨省际Ⅴ级航道上渠化枢纽工程等别提高一等。

表 1.4－4 　　　　　水库、拦河闸、灌排泵站与引水枢纽工程的等别

工程等别	工程规模	水库工程	拦河水闸工程	灌溉与排水工程		
				泵站工程		引水枢纽工程
		总库容/亿 m³	过闸流量/(m³/s)	装机流量/(m³/s)	装机功率/MW	引水流量/(m³/s)
Ⅰ	大(1)型	≥10	≥5000	≥200	≥30	≥200
Ⅱ	大(2)型	<10,≥1.0	<5000,≥1000	<200,≥50	<30,≥10	<200,≥50
Ⅲ	中型	<1.0,≥0.10	<1000,≥100	<50,≥10	<10,≥1	<50,≥10
Ⅳ	小(1)型	<0.10,≥0.01	<100,≥20	<10,≥2	<1,≥0.1	<10,≥2
Ⅴ	小(2)型	<0.01,≥0.001	<20	<2	<0.1	<2

注 1. 水库总库容指水库最高水位以下的静库容,洪水期基本恢复天然状态的水库枢纽总库容采用正常蓄水位以下的静库容。
　　2. 拦河水闸工程指平原区的水闸枢纽工程,过闸流量为按校核洪水标准泄洪时的水闸下泄流量。
　　3. 灌溉引水枢纽工程包括拦河或顺河向布置的灌溉取水枢纽,引水流量采用设计流量。
　　4. 泵站工程指灌溉、排水(涝)的提水泵站,其装机流量、装机功率指包括备用机组在内的单站指标;由多级或多座泵站联合组成的泵站系统工程的等别,可按其系统的规模指标确定。
　　5. 当按工程任务、功能类别或工程类型确定的等别不同时,其等别应按高者确定。

表 1.4－5 　　　　　　　　　永久性水工建筑物的级别

工程等别	水工建筑级别		工程等别	水工建筑物级别	
	主要建筑物	次要建筑物		主要建筑物	次要建筑物
Ⅰ	1	3	Ⅳ	4	5
Ⅱ	2	3	Ⅴ	5	5
Ⅲ	3	4			

注 1. 失事后损失巨大或影响十分严重的水利水电工程的2级至5级主要永久性水工建筑物,经过论证并报主管部门批准,可提高一级,设计洪水标准相应提高;失事后造成损失不大的水利水电工程的1级至4级主要永久性水工建筑物,经过论证并报主管部门批准,可降低一级。
　　2. 水库大坝的2级、3级永久性水工建筑物,坝高超过规定指标时,其级别可提高一级,但防洪标准可不提高。
　　3. 当永久性水工建筑物基础的工程地质条件特别复杂或采用实践经验少的新型结构时,对2级至5级建筑物可提高一级设计,但防洪标准可不提高。

1.4.2 水利行业标准

　　水利水电工程亦属于水利工程范畴,不是单纯以发电为任务的工程,包括防洪、治

涝、灌溉、供水、发电。水利水电工程的等别，应根据其工程规模、效益和在经济社会中的重要性确定。对于综合利用的水利水电工程，当按照综合利用项目的分等指标确定的等别不同时，其工程等别应按其中最高等别确定。水利水电工程等别及建筑物级别可按《水利水电工程等级划分及洪水标准》（SL 252—2017）执行。见表1.4-6～表1.4-13。

表1.4-6 水利水电工程分等指标

工程等别	工程规模	水库总库容/亿 m^3	防洪			治涝面积/万亩	灌溉面积/万亩	供水		发电装机容量/MW
			保护人口/万人	保护农田面积/万亩	保护区当量经济规模/万人			供水对象重要性	年引水量/亿 m^3	
Ⅰ	大（1）型	≥10	≥150	≥500	≥300	≥200	≥150	特别重要	≥10	≥1200
Ⅱ	大（2）型	<10 ≥1.0	<150 ≥50	<500 ≥100	<300 ≥100	<200 ≥60	<150 ≥50	重要	<10 ≥3	<1200 ≥300
Ⅲ	中型	<1.0 ≥0.10	<50 ≥20	<100 ≥30	<100 ≥40	<60 ≥15	<50 ≥5	比较重要	<3 ≥1	<300 ≥50
Ⅳ	小（1）型	<0.1 ≥0.01	<20 ≥5	<30 ≥10	<40 ≥10	<15 ≥3	<5 ≥0.5	一般	<1 ≥0.3	<50 ≥10
Ⅴ	小（2）型	<0.01 ≥0.001	<5	<5	<10	<3	<0.5		<0.3	<10

注 1. 水库总库容指水库最高水位以下的静库容；治涝面积指设计治涝面积；灌溉面积指设计灌溉面积；年引水量指供水工程渠首设计年均引（取）水量。

2. 保护区当量经济规模指标仅限于城市保护区；防洪、供水中的多项指标满足注1项即可。

3. 按供水对象的重要性确定工程等别时，该工程应为供水对象的主要水源。

表1.4-7 水库及水电站工程永久性水工建筑物级别

工程等别	永久主要建筑物	次要建筑物	工程等别	永久主要建筑物	次要建筑物
Ⅰ	1	3	Ⅳ	4	5
Ⅱ	2	3	Ⅴ	5	5
Ⅲ	3	4			

注 土石坝：坝高超过90m，2级可提高1级，坝高超过70m，3级可提高2级，洪水标准不提高。混凝土或浆砌石坝：坝高超过130m，2级可提高1级，坝高超过100m，3级可提高2级，洪水标准不提高。当水电站厂房永久性水工建筑物与水库工程挡水建筑物共同挡水时，其建筑物级别应与挡水建筑物级别一致，按该表确定。拦河闸永久性水工建筑物，其校核洪水过闸流量分别大于5000 m^3/s、1000 m^3/s 时，其建筑物级别可提高一级，但洪水标准可不提高。

表1.4-8 水电站厂房永久性水工建筑物级别

发电装机容量/MW	永久主要建筑物	次要建筑物	发电装机容量/MW	永久主要建筑物	次要建筑物
≥1200	1	3	<50，≥10	4	5
<1200，≥300	2	3	<10	5	5
<300，≥50	3	4			

注 该表适用于当水电站厂房永久性水工建筑物不承担挡水任务、失事后不影响挡水建筑物安全时，其建筑物级别应根据水电站装机容量确定。

表 1.4-9　　　　治涝、排水工程排水渠（沟）永久性水工建筑物级别

设计流量/(m³/s)	永久主要建筑物	次要建筑物	设计流量/(m³/s)	永久主要建筑物	次要建筑物
≥500	1	3	<50，≥10	4	5
<500，≥200	2	3	<10	5	5
<200，≥50	3	4			

注　该表适用于治涝、排水工程的排水渠（沟），并根据设计流量确定永久性水工建筑物级别。

表 1.4-10　　　　治涝、排水工程排水渠系永久性水工建筑物级别

设计流量/(m³/s)	永久主要建筑物	次要建筑物	设计流量/(m³/s)	永久主要建筑物	次要建筑物
≥500	1	3	<50，≥10	4	5
<500，≥200	2	3	<10	5	5
<200，≥50	3	4			

注　该表适用于治涝、排水工程中的水闸、渡槽、倒虹吸、管道、涵洞、隧洞、跌水与陡坡等排水渠系永久性水工建筑物，并根据设计流量确定永久性水工建筑物级别。

表 1.4-11　　　　治涝、排水工程泵站永久性水工建筑物级别

设计流量/(m³/s)	装机功率/MW	主要建筑物	次要建筑物	设计流量/(m³/s)	装机功率/MW	主要建筑物	次要建筑物
≥200	≥30	1	3	<10，≥2	<1，≥0.1	4	5
<200，≥50	<30，≥10	2	3	<2	<0.1	5	5
<50，≥10	<10，≥1	3	4				

注　1. 设计流量指建筑物所在断面的设计流量。
　　2. 装机功率指泵站包括备用机组在内的单站装机功率。
　　3. 当泵站按分级指标分属两个不同级别时，按其中高者确定。
　　4. 由连续多级泵站串联组成的泵站系统，其级别可按系统总装机功率确定。
　　5. 也适用灌溉工程中的泵站，并应根据设计流量及装机功率确定。

表 1.4-12　　　　灌溉工程永久性水工建筑物级别

设计流量/(m³/s)	主要建筑物	次要建筑物	设计流量/(m³/s)	主要建筑物	次要建筑物
≥300	1	3	<20，≥5	4	5
<300，≥100	2	3	<5	5	5
<100，≥20	3	4			

注　该表适用于灌溉工程中的渠道及渠系永久性水工建筑物，并应根据设计灌溉流量确定。

表 1.4-13　　　　供水工程的永久性水工建筑物级别

设计流量/(m³/s)	装机功率/MW	主要建筑物	次要建筑物	设计流量/(m³/s)	装机功率/MW	主要建筑物	次要建筑物
≥50	≥30	1	3	<3，≥1	<1，≥0.1	4	5
<50，≥10	<30，≥10	2	3	<1	<0.1	5	5
<10，≥3	<10，≥1	3	4				

注　1. 设计流量指建筑物所在断面的设计流量。
　　2. 装机功率指泵站包括备用机组在内的单站装机功率。
　　3. 当泵站按分级指标分属两个不同级别时，按其中高者确定。
　　4. 由连续多级泵站串联组成的泵站系统，其级别可按系统总装机功率确定。
　　5. 承担县级市及以上城市主要供水任务的供水工程永久性水工建筑物级别不宜低于 3 级；承担建制镇主要供水任务的供水工程永久性水工建筑物级别不宜低于 4 级。

1.4.3 电力行业标准

水电枢纽工程（包括抽水蓄能电站）主要以发电为主要任务。水电枢纽工程的工程等别，根据其在国民经济建设中的重要性，按照其水库总库容和装机容量划分为五等。当其水库总库容、装机容量分属不同的等别时，工程等别应取其中最高的等别。水电枢纽工程等级及工程规模应执行《水电枢纽工程等级划分及设计安全标准》（DL 5180—2003）。水电枢纽工程等级及建筑物级别划分见表 1.4-14 和表 1.4-15。

表 1.4-14　　　　　　　　　　水电枢纽工程的分等指标

工程等别	工程规模	水库总库容/亿 m^3	装机容量/MW
一	大（1）型	≥10	≥1200
二	大（2）型	<10 ≥1	<1200 ≥300
三	中型	<1.00 ≥0.10	<300 ≥50
四	小（1）型	<0.10 ≥0.01	<50 ≥10
五	小（2）型	<0.01	<10

注　水电枢纽工程的防洪作用与工程等别的关系，应按照 GB 50201—2014 的有关规定确定。

表 1.4-15　　　　　　　　　　水工建筑物级别的划分

| 工程等别 | 永久性水工建筑物 | | 工程等别 | 永久性水工建筑物 | |
	主要建筑物	次要建筑物		主要建筑物	次要建筑物
一	1	3	四	4	5
二	2	3	五	5	5
三	3	4			

注　土石坝：坝高超过 100m，2 级可提高 1 级，坝高超过 80m，3 级可提高 2 级，洪水标准相应提高，抗震标准不提高。

混凝土或浆砌石坝：坝高超过 150m，2 级可提高 1 级，坝高超过 120m，3 级可提高 2 级，洪水标准相应提高，抗震标准不提高。

1.5　洪　水　标　准　的　确　定

设计洪水是洪水设计标准之一，又称正常运用洪水，指当出现该标准洪水时能够保证水工建筑物的安全或防洪设施的正常运用。

校核洪水是洪水设计标准之一，又称非常运用洪水，指当出现该标准洪水时，采取非常运用措施在保证主要建筑物安全的前提下允许次要建筑物遭受破坏。校核洪水是为提高工程安全和可靠程度所拟定的高于设计洪水的标准，用以对主要水工建筑物的安全性进行校核，这种情况下安全系数允许适当降低。工程防洪设计应首先执行国家标准《防洪标准》（GB 50201—2014）。当行业标准比国家标准大时可取大者。

1.5.1 国家防洪标准

水利水电工程洪水标准应按照国家标准《防洪标准》（GB 50201—2014）执行，见表 1.5-1～表 1.5-5。

表 1.5-1 水库工程水工建筑物的防洪标准

水工建筑物级别	防洪标准/[重现期(年)]				
	山区、丘陵区			平原区、滨海区	
	设计	校核		设计	校核
		混凝土坝、浆砌石坝	土坝、堆石坝		
1	1000～500	5000～2000	可能最大洪水（PMF）或 10000～5000	300～100	2000～1000
2	500～100	2000～1000	5000～2000	100～50	1000～300
3	100～50	1000～500	2000～1000	50～20	300～100
4	50～30	500～200	1000～300	20～10	100～50
5	30～20	200～100	300～200	10	50～2

注 1. 当山区、丘陵区的水库枢纽工程挡水建筑物的挡水高度低于15m，且上下游最大水头差小于10m时，其防洪标准宜按平原区、滨海区的规定确定；当平原区、滨海区的水库枢纽工程挡水建筑物的挡水高度高于15m，且上下游最大水头差达于10m时，其防洪标准宜按山区、丘陵区的规定确定。

2. 土石坝一旦失事将对下游造成特别重大的灾害时，1级建筑物的校核洪水标准应采用可能最大洪水或10000年一遇。2级至4级建筑物的校核洪水标准可提高一级。

表 1.5-2 水电站厂房的防洪标准

水电站厂房级别	防洪标准/[重现期(年)]		水电站厂房级别	防洪标准/[重现期(年)]	
	设计	校核		设计	校核
1	200	1000	4	50～30	100
2	200～100	500	5	30～20	50
3	100～50	200			

表 1.5-3 拦河水闸工程水工建筑物的防洪标准

水工建筑物级别	防洪标准/[重现期(年)]		水工建筑物级别	防洪标准/[重现期(年)]	
	设计	校核		设计	校核
1	100～50	300～200	4	20～10	50～30
2	50～30	200～100	5	10	30～20
3	30～20	100～50			

表 1.5-4 引水枢纽、泵站等主要建筑物的防洪标准

水工建筑物级别	防洪标准/[重现期(年)]		水工建筑物级别	防洪标准/[重现期(年)]	
	设计	校核		设计	校核
1	100～50	300～200	4	20～10	50～30
2	50～30	200～100	5	10	30～20
3	30～20	100～50			

表 1.5-5　　　　　　　　　供水工程水工建筑物的防洪标准

水工建筑物级别	防洪标准/[重现期(年)]		水工建筑物级别	防洪标准/[重现期(年)]	
	设计	校核		设计	校核
1	100～50	300～200	4	20～10	50～30
2	50～30	200～100	5	10	30～20
3	30～20	100～50			

注　1. 利用现有河道输水时，其防洪标准应根据工程等别、原河道防洪标准、输水位抬高可能造成的影响等因素综合确定，但不应低于原河道防洪标准。

　　2. 新开挖输水渠的防洪标准可按供水工程等别、所经过区域的防洪标准及洪水特性确定。

1.5.2　水利行业洪水标准

水利行业标准见表 1.5-6～表 1.5-10。

表 1.5-6　　　　　山区、丘陵区水库工程永久性水工建筑物洪水标准

项　　　目		永久性水工建筑物级别				
		1	2	3	4	5
设计洪水/[重现期(年)]		1000～500	500～100	100～50	50～30	30～20
校核洪水标准/[重现期(年)]	土石坝	可能最大洪水（PMF）或 10000～5000	5000～2000	2000～1000	1000～300	300～200
	混凝土坝、浆砌石坝	5000～2000	2000～1000	1000～500	500～200	200～100

表 1.5-7　　　　　平原、滨海区水库工程永久性水工建筑物洪水标准

项　　　目	永久性水工建筑物级别				
	1	2	3	4	5
设计洪水/[重现期(年)]	300～100	100～50	50～20	20～10	10
校核洪水标准/[重现期(年)]	2000～1000	1000～300	300～100	100～50	50～20

表 1.5-8　　　　山区、丘陵区水库工程的消能防冲建筑物设计洪水标准

永久性水工建筑物级别	1	2	3	4	5
设计洪水标准/[重现期(年)]	100	50	30	20	10

表 1.5-9　　　　　　　水电站厂房永久性水工建筑物洪水标准

水电站厂房级别		1	2	3	4	5
山区、丘陵区/[重现期(年)]	设计	200	200～100	100～50	50～30	30～20
	校核	1000	500	200	100	50
平原、滨海区/[重现期(年)]	设计	300～100	100～50	50～20	20～10	10
	校核	2000～1000	1000～300	300～100	100～50	50～20

表 1.5-10　　　　拦河闸、挡潮闸永久性水工建筑物洪（潮）水标准

永久性水工建筑物级别		1	2	3	4	5
设计洪水标准/[重现期(年)]	设计	100～50	50～30	30～20	20～10	10
	校核	300～200	200～100	100～50	50～30	30～10
潮水标准/[重现期(年)]		≥100	100～50	50～30	30～20	20～10

注　对具有挡潮工况的永久性水工建筑物按表中潮水标准执行。

1.5.3 电力行业洪水标准

电力行业标准见表 1.5-11～表 1.5-14。

表 1.5-11　山区、丘陵区水电枢纽工程永久性壅水、泄水建筑物的洪水设计标准

不同坝型的枢纽工程		永久性壅水、泄水建筑物级别				
		1	2	3	4	5
正常运用洪水重现期/年		1000～500	500～100	100～50	50～30	30～20
非常运用洪水重现期/年	土坝、堆石坝	PMF 或 10000～5000	5000～2000	2000～1000	1000～300	300～200
	混凝土坝、浆砌石坝	5000～2000	2000～1000	1000～500	500～200	200～100

注　PMF 为可能最大洪水。

表 1.5-12　山区、丘陵区水电枢纽工程消能防冲建筑物设计洪水标准

永久性水工建筑物级别	1	2	3	4	5
正常运用洪水重现期/年	100	50	30	20	10

表 1.5-13　山区、丘陵区水电站厂房的洪水设计标准

发电厂房的级别	1	2	3	4	5
正常运用洪水重现期/年	200	200～100	100～50	50～30	30～20
非常运用洪水重现期/年	1000	500	200	100	50

表 1.5-14　平原区永久性壅水、泄水建筑物水电站厂房的洪水设计标准

水工建筑物级别	1	2	3	4	5
正常运用洪水重现期/年	300～100	100～50	50～20	20～10	10
非常运用洪水重现期/年	2000～1000	1000～300	300～100	100～50	50～20

1.6　泄、引（输）水建筑物工程实例

1.6.1　土石坝泄、引（输）水建筑物工程实例

（1）混凝土面板堆石坝泄、引（输）水建筑物工程实例统计表，见表 1.6-1。

（2）黏土心墙坝泄、引（输）水建筑物工程实例统计表，见表 1.6-2。

（3）碾压沥青心墙坝泄、引（输）水建筑物工程实例统计表，见表 1.6-3。

1.6.2　混凝土拱坝泄、引（输）水建筑物工程实例

（1）混凝土拱坝泄、引（输）水建筑物工程实例统计表，见表 1.6-4。

（2）碾压混凝土（RCC）拱坝泄、引（输）水建筑物工程实例统计表，见表 1.6-5。

1.6.3　混凝土重力坝泄、引（输）水建筑物工程实例

（1）混凝土重力坝泄、引（输）水建筑物工程实例统计表，见表 1.6-6。

（2）碾压混凝土（RCC）重力坝泄、引（输）水建筑物工程实例统计表，见表 1.6-7。

表 1.6-1　混凝土面板堆石坝泄、引（输）水建筑物工程实例统计表

工程名称	筑坝材料及坝高	泄水建筑物型式及尺寸（管道个数、断面，长度，水头）	消能工型式	泄流量/(m³/s) 设计	校核	消能防冲	引（输）水建筑物型式及尺寸（管道个数，管径，长度，引用流量）	备注
新疆哈巴河山口河水电站	混凝土面板堆石坝，筑坝材料凝灰质砂岩，坝高40.5m	溢洪道布置在左岸右边，设1孔，孔口尺寸12m×10m，闸门孔宽12m，单孔单槽，工作水头11m，长度163m	挑流消能	731	835	870	①右岸2条钢筋混凝土坝下埋管，直径4m，钢筋混凝土压力管道长108m，83.9m，总引用流量24.7m³/s。单机引用流量24.7m³/s，一管二机（4×6.6MW）装机容量25.2MW（4×6.6MW）②灌溉：下游380m东风大渠和萨尔布拉克渠首引用流量69m³/s，50m³/s，大坝左、右岸，职工渠和红旗渠引用流量3m³/s，4m³/s	已建
青海黄河公伯峡水电站	混凝土面板堆石坝，筑坝材料花岗岩和片岩，坝高132.2m	泄洪洞兼导流洞1条，进口水头33m；泄洪洞兼导流洞1条，工作水头10m，城门洞型洞7m×10m，长度219.7m	挑流消能	1076	1097		右岸引水发电系统，钢衬钢筋混凝土管5条，钢管内径8.0m，管长304.29~278.42m。引用流量5×335m³/s，5台机，总装机容量1500MW（5×300MW）	已建
		左岸溢洪道2孔，单孔闸孔宽12m，工作水头18m，泄槽双孔双槽	挑流消能	3530	4495			
		右岸竖井泄洪洞1条，水平旋洞直径10.5m，竖井圆形断面直径9m，水平旋洞直径11.0m×14.0m的城门洞型洞，水垫塘尺寸11.0m×14.0m，长度50m	水垫塘消能	1032	1060	5180		
		左岸有压泄洪洞直径8.5m的圆形断面，洞长607m	挑流消能	1145	1183			
青海黄河积石峡水电站	混凝土面板堆石坝，筑坝材料坝址区混合开挖料，由砾岩、中细砂岩、泥质粉砂岩组成，组成比例5：3：2，坝高103m	左岸开敞式溢洪道1孔，工作闸门孔口尺寸15m×21.7m，泄槽单孔单槽，矩形断面，宽15m，高14m，长428.683m	挑流消能	2141	3446		左岸坝下掩埋式外保护凝土引水钢管，3条，直径11.5m，长度251m。管长255m，252m，251m。单机单管，单机引用流量579.36m³/s，3台机，总装机容量1020MW（3×340MW）	已建
		左岸导流洞改建"龙抬头"中孔泄洪洞1孔，工作闸门孔口尺寸8m×11m，无压短管进水口，工作水头52m，城门洞型洞断面尺寸10m×15m，总长812m	底流消力池	2148	2314			
		左岸泄洪底孔（兼排沙、放空）1孔，压洞，圆形断面，直径9m，进口为2孔合一，为有压洞，工作闸门孔口尺寸8m×6.8m，工作水头62.5m，总长1105.483m	挑流消能	1342	1420	4990		

续表

工程名称	筑坝材料及坝高	泄水建筑物 型式及尺寸（管道个数、断面，长度，水头）	消能工型式	泄流量/(m³/s) 设计	校核	消能防冲	引（输）水建筑物 型式及尺寸（管径，长度），引用流量	备注
青海黄河茨哈峡水电站	混凝土面板堆石坝，筑坝料为天然砂砾石，最大坝高257.5m	右岸表孔溢洪道，分为2孔，单孔宽度为19.0m，双孔双槽，泄槽断面为矩形	挑流消能	5618	7072	4690	左岸引水隧洞采用"一机一洞"的供水型式，洞径9.0m，流速5.24m/s，1~4号机组引水管道长度分别为398.3m、443.3m、528.4m、573.4m。4台机，装机容量2600MW(4×650MW)	拟建
		左岸旋流泄洪洞，城门洞型无压引水洞，断面尺寸采用7.0m×13.0m	洞内消能	1399	1454			
		右岸放水洞，全长约1525m，后段为有压段，洞径9m，工作闸室后段为城门洞型无压隧洞段，洞段全长668m，断面尺寸为7.7m×12.0m	挑流消能		1574			
新疆四工河水库	混凝土面板砂砾石坝，最大坝高67m	溢洪道，无闸开敞式，堰宽12m，长度176m	挑流消能	170.65	423.62	104	放水洞长度约200m，设计灌溉流量3.442 m³/s	筹建
		泄洪放空洞（兼导流洞）长度497m，内径4.5m	挑流消能	19.85	20.05			
新疆大石峡水利枢纽	混凝土面板砂砾石坝，最大坝高247m	岸边溢洪道2孔，闸门孔口尺寸12.5m×16m，双孔双槽，泄槽断面为矩形，总长398.5m	挑流消能	2895	3340	2931	①满足向塔里木河干流生态供水总量。②灌溉。③防洪。④3条引水道长度分别为683m、701m、720m，由6m×6m矩形断变为6m圆形断面。总装机容量750MW（3×250MW）	在建
		中孔泄洪排沙洞1孔，孔口尺寸5.5m×6m，工作水头80m，有压接无压，长约544.1m	挑流消能	959	1039			
		放空兼排沙洞1孔，有压洞内径6.5m，工作闸室水头136.3m，总长620m，无压洞为城门洞型5.5m×11m，设计洪限水位1694m以下运行，不参与汛期洪水。仅在汛限水位1694m以下运行，水头129m，满足汛期下游河道径流排沙和排沙要求	挑流消能	汛期满足下游河道径流排沙及汛期全年开泄流 1068			

续表

工程名称	泄水建筑物						引（输）水建筑物	备注
	筑坝材料及坝高	型式及尺寸（管道个数、断面、长度、水头）	消能工型式	泄流量/(m³/s)			型式及尺寸（管道个数、管径、长度、水头）、引用流量	
				设计	校核	消能防冲		
新疆大石峡水利枢纽	混凝土面板砂砾石坝，最大坝高247m	生态放水孔利用左岸低线交通洞改建而成，下闸蓄水期水孔进口位于上游围堰前2套临时球阀开启，满足水库蓄水期间的生态放水。交通洞5m×5.5m，不同断面各设置直径2.2m的球阀，工作水头90m；正常运行期，封堵2套临时球阀，高层进水口位于左侧有压隧洞，利用永久生态放水，设置直径1.5m的锥形阀2个，总长1312.07m	锥阀消能	单孔全开泄放生态流量53.2		2931		在建
新疆柳树沟水电站	混凝土面板堆石坝，最大坝高100m，凝灰质熔岩及结晶灰岩	溢洪洞，城门洞型无压洞，底宽8m，顶高10m，长度367.09m	挑流消能	1700	2230	700	左岸引水发电洞及地面发电厂，独立进水口一洞两机供水方式，最大引用流量2×119.7m³/s，引水主洞直径 D＝8.0m，长272.23m，压力钢管段总长158.29m。总装机容量180MW（2×90MW）	已建
		泄洪（兼导流）洞，有压洞接无压洞，有压洞洞径8.5m，长度502.15m，无压洞7.5m×10.5m，长度82.6m	挑流消能	1292	1334			
新疆蔡其乌苏水电站	混凝土面板砂卵石坝，最大坝高151.6m	右岸溢洪洞（洞室溢洪道）布置于右岸坡山体内，进口为1孔，10m×15m的开敞式溢流堰，堰闸段长32m。开敞式进口下接明流隧洞，城门洞型10m×13m，洞身长度363m	挑流消能	978	1161	1390	右岸引水发电系统，圆形有压隧洞，洞径8.5m，主洞长3461.17m，设计引用流量8.5m，最大水头150m。采用独立进水口，最大引用流量3×86.9m³/s，一洞三机供水方式引用流量260.7m³/s，压力钢管段总长348.5m。总装机容量330MW（3×110MW）	已建
		右岸深孔泄洪洞，压力隧洞接无压隧洞。有压洞圆形断面直径6.5m，压力洞段长511.8m，工作门尺寸5m×5.5m，设计水头88m。无压洞城门洞型断面7.0m×9.0m	挑流消能	706	712			

续表

工程名称	筑坝材料及坝高	泄水建筑物 型式及尺寸（管道个数、断面、长度、水头）	消能工型式	泄流量/(m³/s) 设计	校核	消能防冲	引（输）水建筑物 型式及尺寸（管道个数、管径、长度）、引用流量	备注
甘肃白龙江溪古水电站	混凝土面板堆石坝，最大坝高144m	溢洪洞，孔口尺寸5.0m×8.7m，为开敞式，溢流堰下接明流隧洞和竖井旋流消能型式，由短引渠段、进口堰闸段、竖井、涡室、明流隧洞下平段（与导流洞结合）等组成，全长约253.08m	竖井旋流消能	184	216	370	左岸引水隧洞，洞全长14.34km，引用流量74.10m³/s，引水隧洞单机引用流量24.77m³/s，3台机，单机容量249MW（3×83MW）	已建
		排砂（放空）洞，有压洞+无压洞型式，全长454.48m。不参与泄洪，仅排砂和放空。孔口尺寸5.0m×3.6m	底流消能	239	215			
湖北清江水布垭水电站	混凝土面板堆石坝，最大坝高233m，灰岩坝料	左岸边开敞式溢洪道，5孔闸门，工作门孔口尺寸14.0m×21.8m，泄槽总宽92m，4个3m中墩，净宽80m，分为5个泄流区，3道跌坎式掺气槽	窄缝挑流消能	16300	18320	11940	引水隧洞4条，均长387.9km，内径8.5~6.9m，引水隧洞单机引水流量277.6m³/s，4台机，单机容量460MW，总装机容量1840MW	已建
		放空洞，有压洞+无压洞型式，有压洞长530.24m，洞径11.0m，工作闸门室设一扇孔口尺寸为6.0m×7.0m的弧形工作门。无压洞长532.63m，洞室净空尺寸为7.2m×12.0m，为城门洞型		1605				
贵州清水江三板溪水电站	混凝土面板堆石坝，最大坝高185.5m，凝灰岩、砂板岩坝料	左岸1条岸边开敞式溢洪道，3孔闸门，孔口闸门尺寸20m×19m，无中墩，泄槽73m，全长686m。左岸1条泄洪洞，进水口设2孔，闸门13m×13.5m的深孔，其后接无压洞，总长约816m	挑流消能	10306 / 2880	13100 / 2940	12700	右岸地下厂房装有4台单机容量为250MW的混流式水轮发电机组，总装机容量1000MW。引水隧洞洞径为7.0m，单机引水，单机引用流量225m³/s	已建
马来西亚巴贡水电站	混凝土面板堆石坝，最大坝高205m，凝灰岩、砂板岩坝料	左岸开敞式溢洪道，闸门4孔，单孔工作闸门孔口尺寸15m×20m，后接2孔1槽，2个溢槽、上游侧槽宽2×35m，下游侧槽宽2×25m，总长1070m	挑流消能	11256 / 12083		10531	左岸引水发电系统，8条引水隧洞每条长约670m，总长4540m。低压段内径8.5m，高压段中钢衬段直径7m，单机引用流量208m³/s，8台机，总装机容量2400MW（8×300MW）	已建

续表

工程名称	筑坝材料及坝高	泄水建筑物 型式及尺寸（管道个数、断面、长度、水头）	消能工型式	泄流量/（m³/s） 设计	校核	消能防冲	引（输）水建筑物 型式及尺寸（管道个数、管径、长度）、引用流量	备注
贵州六冲河洪家渡水电站	混凝土面板堆石坝，最大坝高 179.5m，灰岩坝料	左岸 2 条溢洪洞，2 孔开敞式溢流堰，孔口尺寸 10m×18m，无压隧洞 755m，洞身长 21.5m。泄洪洞：有压接无压，有压隧洞长 425m，内径 9.8m；工作闸门孔口尺寸 6.2m×8m，无压隧洞长 421m，断面为 7m×12.6m，城门洞型	挑流消能	3370	4591	2952	引水隧洞 3 条，内径 7.8m，单机引用流量 165.5m³/s，其中 2 号洞长度 650m。3 台机，总装机容量 600MW（3×200MW）	已建
			挑流消能	1600	1643	1585		
贵州南盘江天生桥一级水电站	混凝土面板堆石坝，最大坝高 178m，凝灰岩、砂泥岩坝料	右岸溢洪道，5 孔溢流表孔，孔口闸门尺寸 13m×20m（宽×高），泄洪槽长 538.42m，前段宽 69.80m，5 道掺气槽，出口处宽 81m，建设中取消中墩，全长 1745m	挑流消能	15282	21750	10340	左岸引水隧洞 4 条，内径 9.6m，长 551.49~652.86m 的低压隧洞及其后的 4 条高压隧洞 7~8.2m，长 185m 的高压钢管组成。单管单机，单机引用流量 301.2 m³/s，总装机容量 1200MW（4×300MW）	已建
		右岸放空洞：圆形有压洞，长 557.67m，内径 9.6m；工作闸门孔口尺寸 6.4m×7.5m，无压隧洞，8m×11m，长 489.5m	挑流消能	1700	2445			
四川岷江紫坪铺水电站	混凝土面板堆石坝，最大坝高 156m，灰岩、砂砾石坝料	右岸 1 条开敞式溢洪道，1 孔闸门，孔口尺寸 12m×17m，全长 559.36m	挑流消能	825	2445		右岸 4 条引水发电洞，洞径 8m，引水隧洞总长 953.388m。单管单机，4 管总长 795.468m，单机引用流量 214m³/s，4 台机，总装机容量 760MW（4×190MW）	已建
		2 条泄洪排沙洞，均为龙抬头改建，结合 1 号段洞径 10.7m×10.7m，马蹄形断面，1 号洞全长 812.35m，2 号洞全长 698.87m	挑流消能	3077	4858	3447		
		右岸冲沙放空洞，洞径 4.4m，全长 767.76m	挑流消能	300				

续表

工程名称	筑坝材料及坝高	泄水建筑物 型式及尺寸（管道个数、断面、长度、水头）	消能工型式	泄流量/(m³/s) 设计	校核	消能防冲	引（输）水建筑物 型式及尺寸（管道个数、管径、长度）、引用流量	备注
新疆喀拉喀什河乌鲁瓦提水电站	混凝土面板堆石坝，最大坝高133m，砂砾石/石英片岩坝料	右岸开敞式溢洪道，工作闸门孔口尺寸14m×8m，长度573.85m	挑流消能	400	1850	890	（1）防洪要求，常遇洪水削峰减至500m³/s以下。 （2）每年向塔里木河输水10亿m³，以维护塔里木盆地生态环境。 （3）引水发电洞457.2m，内径6.5m，引用流量21.14m³/s，4台机，单机引用流量90m³/s，总装机容量60MW（4×15MW）	已建
		右岸泄洪排沙洞，工作闸门孔口尺寸6m×6m，长度876.5m	挑流消能	890	1130			
		左岸冲沙洞，工作闸门孔口尺寸2m×2m，长度811.03m	挑流消能		123			
甘肃洮河九甸峡水电站	混凝土面板堆石坝，趾板建在覆盖层，最大坝高133m，坝料为灰岩及开挖料	左岸2条溢洪道，洞长分别为742m，797m，工作闸门孔口尺寸12m×14m，泄槽圆拱直墙无压洞尺寸9m×12.5m	挑流消能		2×1829	1930	（1）引水隧洞1条，内径9.5m，全长2248.1m，管道内径4.5m。引用流量280m³/s，一管三机，总装机容量300MW（3×100MW）。 （2）引洮进水口布置右岸，引水流量32m³/s，加大流量36m³/s	已建
		右岸1条泄洪洞，有压洞内径6m，长407m，隧洞出口布置工作闸门，孔口5m×5m，设计水头92m，闸后明渠5m×8m，长度60m	挑流消能		645			
云南藤条江那兰水电站	混凝土面板堆石坝，趾板建在覆盖层，最大坝高109m，砂砾石坝料	左岸边开敞式溢洪道，3孔工作闸门，孔口尺寸10m×10m，断面矩形，宽由37m渐变55m渐变为58.836m，全长662m	底流消力池	2065	2711	1679	右岸引水隧洞1条，内径7.5m，接压力钢管内径6.5m，引用流量201m³/s，一管三机，单机引用流量67m³/s，全长460.711m，3台机，总装机容量150MW（3×50MW）	已建
		右岸冲沙放空洞，导流洞龙抬头改建，前段圆形洞内径4m，工作闸门孔口尺寸3m×3m，后接无压洞断面7m×9m，总长323.098m	底流消能					
四川大渡河金川水电站	混凝土面板堆石坝，趾板建在覆盖层，最大坝高112m，砂砾石坝料	右岸溢洪道，2孔14m×21m，双孔双洞，泄槽为矩形断面	挑流消能	4620	6230	4880	单机单洞，引水隧洞4条，内径9m，引用流量426.45m³/s，4条引水洞长分别为368.84m，311.23m，253.62m，4台机，总装机容量900MW（4×225MW）	在建
		右岸泄洪放空洞，有压+无压形式，有压洞内径10m，无压洞断面8m×14m	挑流消能	1580	1600			

续表

工程名称	筑坝材料及坝高	泄水建筑物		泄流量/(m³/s)			引（输）水建筑物	备注
		型式及尺寸（孔数、断面、长度、水头）	消能工型式	设计	校核	消能防冲	型式及尺寸（管道个数、管径、长度）、引用流量	
甘肃白龙江苗家坝水电站	混凝土面板堆石坝，坝高为 111m，坝基为砂变质凝灰岩、同夹砂质板岩和泥质板岩	溢洪洞 1 孔，孔口尺寸 15m×16m	挑流消能	1842	2520	1990	引水隧洞 1 条，内径 9.0m，引用流量 339m³/s，布置 3 台 90MW 立式水轮发电机组	已建
		泄洪排沙洞 1 孔，孔口尺寸 6.6m×6m	挑流消能	875	905			
云南金沙江梨园水电站	混凝土面板堆石坝，坝高 155m，坝基杏仁状玄武岩，筑坝料为坝址区开挖料	右岸 1 条岸边开敞式溢洪道，4 孔，单孔闸门孔口尺寸 15m×20m，泄槽矩形断面，宽 73.5m，边墙高 12m，全长 800m	突扩式跌坎消力池		15500	10400	左岸引水隧洞，单机单管，长度 514.449～757.542m，直径 11.6m，12.2m，13.4m，14.5m，单机引用流量 621.4m³/s，4 台机，总装机容量 2400MW（4×600MW）	已建
		左岸泄洪冲沙洞 1 孔，有压洞内径 10m，工作闸门孔口尺寸 7.5m×10.5m，后接无压洞，断面尺寸 10m×15m，全长 1516m	挑流		1642			
新疆伊犁喀什河吉林台一级水电站	混凝土面板堆石坝，最大坝高 157m，坝轴线上游砂砾石坝料，下游开挖砂砾灰岩堆石料	左岸表孔溢洪道，工作闸门孔口尺寸 12m×9m，总长度 778.5m	挑流消能	707	1485		引水隧洞 2 条，洞长分别为 670.485m 和 660.995m，内径 9m，两洞一机，单洞引用流量 124.83m³/s，250m³/s，4 台机，单机引用流量 115MW，立式水轮发电机组，容量 460MW	已建
		左岸深孔泄洪洞，有压短管工作闸门尺寸为 4m×5m，设计水头 85m 无压直墙圆拱断面，尺寸 8m×10.4m，全长 803m	挑流消能	692	702	1165		
浙江飞云江珊溪水库	混凝土面板堆石坝，坝高 132.5m，上游砂砾斑岩，中间砂砾石料，下游开挖灰岩堆石料	左岸 1 条开敞式溢洪道，5 孔 12m×10m，孔长 610m	挑流消能	10881	12858		引水隧洞 2 条，内径 7m，洞长分别为 354m 和 374m。以一洞两管分别向 4 台机组供水，高压钢管内径 4m，单机引用流量 74.85m³/s，布置 4 台单机 50MW 立式水轮发电机组，总装机容量 200MW	已建
		左岸 1 条深孔泄洪隧洞，工作闸门尺寸为 7m×7m，设计水头 72m，全长 510.7m	挑流消能		1630	5400		

续表

工程名称	筑坝材料及坝高	泄水建筑物		泄流量/(m³/s)			引（输）水建筑物	备注
		型式及尺寸（管道个数、断面、长度、水头）	消能工型式	设计	校核	消能防冲	型式及尺寸（管道个数、管径、长度、引用流量）	
贵州省乌江三岔河引子渡水电站	混凝土面板堆石坝，最大坝高129.5m，坝料开挖灰岩堆石料	左岸开敞式溢洪道，3孔工作闸门，孔口尺寸为11.5m×18m，泄槽为单孔单槽，长度600m	挑流	6390	8386	5780	右岸引水隧洞长1100m，洞径10.5m，一洞三机，支洞径4.94m，单机引用流145m³/s，3台机，单机容量120MW，总装机容量360MW	已建
浙江宁波市白溪水库白溪水电站	混凝土面板堆石坝，最大坝高124.4m，坝料开挖凝灰岩堆石料，中间部位地下水位以上砂砾石	左岸坡式溢洪道，3孔11.5m×15m，全长度883m，泄槽三孔合一，无中墩	挑流	2900	4534	2480	引水隧洞直径3.5m，长度309.936m，不设调压井。其末端通过岔管与2条压力钢管连接，引水钢管直径2.5m在机组前蝶阀前缩小1.9m。坝后电站装机容量18MW。在2号钢管下游左侧接出1条补充供水管，直径1m末端设有锥阀，用以控制出口流量。锥阀下游设有消能室，消能室宽5m，长14.15m，室内流速最大2.11m/s。在反调节池建筑物侧堰的下游设置管径为0.8m的防水钢管，满足下游居民生活用水和灌溉用水	已建
		引水、供水、放空三结合。引水放空洞连通洞右侧。引水隧洞右侧洞设有放空洞，通向导流洞。在导向流通洞侧为3.5m，在引水洞径为2.5m，总长88.73m，放空洞下游导洞下游接消力池	消力池	6.6				
西藏那曲河江达水电站	混凝土面板堆石坝，最大坝高185.5m，筑坝材料砂板岩，料源为块石料场和坝址区开挖料	左岸边开敞式溢洪道 2孔 12m×16.5m，泄槽单孔单槽，全长785m	挑流	2194	3245		（1）生态放水。（2）右岸引水发电系统，钢筋混凝土隧洞主管3条，总引用流量945m³/s，单条隧洞引用流量315m³/s，隧洞直径9.8m，3岔6支洞，6台机，单机引用流量157.5m³/s，两机一管，两洞。总装机容量1200MW（6×200MW）	筹建
		左岸泄洪放空洞，有压无压，工作闸门孔口尺寸7.5m×7m，全长1027m	挑流	1490	1498			
		右岸竖井泄洪洞进口有压短管，工作闸门孔口尺寸7m×8m，上平段422m，竖井135m，结合段960m	洞内消能	1425	1440	4890		
		左岸生态放水洞（参与水库放空），有压无压，工作闸门孔口尺寸5m×6m，全长1033m	挑流	799				

续表

工程名称	筑坝材料及坝高	泄水建筑物					引（输）水建筑物	备注
		型式及尺寸（管道个数、断面，长度，水头）	消能工型式	泄流量/(m³/s) 设计	泄流量/(m³/s) 校核	消能防冲	型式及尺寸（管道个数、管径、长度、引用流量）	
四川甘孜州大渡河猴子岩水电站	混凝土面板堆石坝，最大坝高223.5m，筑坝材料灰岩、流纹岩，料源为色龙沟灰岩、桃花料场流纹岩和枢纽建筑物灰岩开挖料	右岸1条溢洪道，控制闸室15m×24m，泄槽单孔单槽，明渠陡槽15m×16m，挑坎采用直鼻坎型式，泄槽最大流速43.24m/s，总长1147m，共布设2道掺气设施	挑流	3203.2	4036		电站总装机容量1700MW（425MW×4台）。压力管道采用单机单管，4条压力管道平行布置，间距30m，压力管道内径10.5m。单机引用流量为368.4m³/s，流速4.25m/s。4条管道引水长度分别是538.599~635.575m。2条尾水管洞长度分别是792.54m、669.47m，断面尺寸12m×16m，城门洞型	已建
		左岸1条深孔泄洪洞，采用有压洞接无压洞的布置型式。有压洞之后转弯布置工作闸室，工作门孔尺寸12m×9m。有压段总长320.03m，无压段由抛物线段、斜坡段和2道掺气等组成，长度291.023m，断面为圆拱直墙型式，尺寸为12m×16m，无压段最大流速42m/s，2道掺气坎间距100m，总长748.63m	挑流	2881	2987			
		左岸非常泄洪洞，由1号泄洪洞改建，布置上利用1条竖井连接泄洪导流洞，选用有压洞塞消能形式。非常泄洪洞由岸塔式短有压进口、上平段、竖井段、下平段（与导流洞结合）和出口组成。有压短管工作门工作水头56m，上平段、上弯段与导流洞断面为圆拱直墙型式，断面尺寸13m×15m，竖井段设置2级圆形洞塞和垂直洞塞，后接压坡突扩洞塞收缩式洞塞。衬砌断面为圆拱直墙型式，直径11m。下平段与导流洞结合，衬砌断面为圆形，直径11m	洞内消能	1470.3		3203		
		右岸1条泄洪放空洞，工作闸门孔口尺寸6m×5m，工作水头87m，也参与泄洪和后期导流。闸门前有压隧洞段长362.6m，洞径8m。闸门后无压隧洞断面为圆拱门洞型，断面尺寸8m×10m，长843.61m。无压洞段采用3道掺气坎，全长1288.52m	挑流	1068				

续表

工程名称	筑坝材料及坝高	泄水建筑物 型式及尺寸（孔口个数、断面、长度、水头）	消能工型式	泄流量/(m³/s) 设计	校核	消能防冲	引（输）水建筑物 型式及尺寸（管道个数、管径、长度）、引用流量	备注
北盘江董箐水电站	混凝土面板堆石坝，最大坝高150m，筑坝材料砂岩、泥岩互层开挖混合料，其中砂岩占60%～85%，泥岩占15%～40%，料源为溢洪道开挖砂岩和泥岩，坝体总填筑量约890万m³	左岸开敞式溢洪道，4孔，工作闸门尺寸13m×22m，4孔合1槽，泄槽为矩形断面，宽50m，泄槽最大流速37.64m/s，共布设3道掺气设施，挑坎采用左高右低扭曲鼻坎，以适应水流归槽，总长588m。在泄槽两侧形断面墙面，可以有效补充边墙附近的水流无分掺气。同时为保证泄槽中部水流的掺气，设置独立的进气通道向泄槽中部的空气补气。采用圆形不锈钢钢管作为进气通道，钢管浇筑在边墙坎中，接引至泄槽中部。通气主管直径1m，在挑坎旁立面同从边墙侧引至泄槽中间依次布置掺气支管，同距3m，依次布置3根，管直径400mm和1根直径1000mm的掺气支管，管径由小到大，以保证能够有充足的空气到支管各处最大。在泄槽中间部位达泄槽中部的空气掺气坎全断面均匀掺气的效果	挑流	11478	13347	10100	引水发电系统布置右岸，面板坝下游右岸坡脚附近布置地面厂房。4条引水隧洞，单管单机，1～4号引水隧洞长分别为259.64m，268.47m，279.75m，285.86m，圆形断面，内径9m，1～4号钢管长分别为314.13m，321.28m，332.01m，钢管内径7m。单机引用流量233.6m³/s，发电总引用流量934.4m³/s。电站总装机容量880MW（220MW×4台）	已建
		放空洞布置右岸，位于引水发电洞与升船机之间，工作闸门孔口尺寸为5m×5m，工作水头6m×9m，无压洞段面为城门洞型，尺寸6m×9m，总长951m。放空洞为多用途隧洞，在初蓄期向下游排放生态流量，参与施工后期度汛、完建后作通航空之用，并在必要时向下游排放通航流量	挑流	646				

续表

工程名称	筑坝材料及坝高	泄水建筑物		泄流量/(m³/s)			引（输）水建筑物	备注
		型式及尺寸（管道个数、断面、长度、水头）	消能工型式	设计	校核	消能防冲	型式及尺寸（管径、管道个数，长度），引用流量	
湖北淥水江坪河水电站	混凝土面板堆石坝，最大坝高219m，筑坝材料水磷砾岩，为强度高、硬度变大，料源为栗山坡石料场水磷砾岩。坝址处河谷宽容宽陡峻，宽高比1:1.8，坝体总填筑方量约750万m³	右岸溢洪道为2条平行布置的隧洞泄槽式，两栋溢壁厚35m，溢流堰轴线间距21m，溢流堰为开敞式，无压隧洞孔口尺寸14m×22m，洞同岩壁厚14m，侧墙高度由18m变为12m，断面为城门洞型断面，1号、2号隧洞溢流槽泄槽长度分别为599.59m、708.94m	挑流	6180	7520	5720	(1) 引水发电建筑物布置在左岸，单机单洞，1号、2号引水隧洞长分别为590.894m、554.447m。下游陡坎以外段采用钢板衬砌，内径5.8m，河流多年平均流量81.1m³/s，单机引用流量166m³/s，发电总引用流量332m³/s。电站总装机容量450MW（225MW×2台），为地面厂房。 (2) 为满足生态基流5.33 m³/s要求，在2条引水洞前端缩节各设置一个直径800mm取水口，由钢管引入下游河道	在建；2005年开工；2010年停工；2015年复工；计划2020年7月发电
		泄洪放空洞布置在右岸，平行布置溢洪道左侧，有压段直径为8.5m，末端工作闸门，孔口尺寸为6m×6m，工作水头100m。后无压洞段面为城门洞型，宽7m，设计洪水放空753m。仅参与校核洪水及放空，不参与泄洪	挑流		1330			
四川省甘孜州斜卡水电站	深厚覆盖层面板堆石坝，保留块（漂）碎（卵）砾石层，坝高106.0m，垫高70m，填筑360万m³，垫层料和过渡料为天然砂砾石，主堆石为开挖质变砂岩，设下游堆石区。正常运行后下游坝踵实测渗漏量260L/s	左岸溢洪道洞为开敞式进口无压溢洪道，与进口闸洞（导流洞）结合的"三洞合一"的布置型式。由进口闸室至上平段无压隧洞，出口消力池等组成。进口调压竖井，下平段无压隧洞，进口调压室内有一道弧形工作闸门，洞身尺寸为6.00m×9.4m。	出口消力池	243	413	183	引水系统由进水口、引水隧洞、调压室及压力管道等建筑物组成，全长13.924km，隧洞布置于右岸，采用绕沟布置方式，压力管道为地下埋藏式，内径5.0m，调压室内径2.8m，主管长1041.864m。电站地面式发电厂房，装3台单机引用流量33m³/s，发电引用流量33m³/s，电站地面式发电厂房，采用水斗式水轮发电机组，电站总装机容量为45MW的水斗式水轮发电机各为135MW	已建

表 1.6－2　　黏土心墙坝泄、引（输）水建筑物工程实例统计表

工程名称	筑坝材料及坝高	泄水建筑物		泄流量/(m³/s)			引（输）水建筑物	备注
		型式及尺寸（管道个数、断面、长度、水头）	消能工型式	设计	校核	消能防冲	型式及尺寸（管道个数、管径、长度）、引用流量	
甘肃白龙江碧口水电站	壤土心墙土石坝，最大坝高100m	右岸溢洪道，全长393m，宽度15m	挑流消能	1330	2310		左岸引水发电洞，3条直径6m压力管道，长度分别为144.845m，138.184m，131.523m。管内最大流速5.65m/s。总装机容量300MW（3×100MW）	已建
		泄洪洞兼导流洞洞，13m×11.5m，全长531m	挑流消能	2120	2250			
		左岸溢洪洞，有压段圆形，直径10.5m。无压段城门洞型10m×12m	挑流消能	1620	1710	4440		
		左岸排沙洞，有压段圆形，直径4.4m；无压段城门洞型5m×4.8m	挑流消能	285	296			
伊朗塔里干水利枢纽	黏土心墙土石坝，最大坝高109m	左岸开敞式溢洪道，3孔每孔宽16m，堰顶高程与正常水位齐平，无闸门控制，全长725.2m	消力池	2040		410	引水隧洞位于大坝上游600m，洞径为3.2m，引水流量30m³/s，一管二机，单机流量15m³/s，地下厂房。总装机容量17.8MW（2×8.9MW）。设计流量为30m³/s的低压尾水隧洞，然后接入现有的长约9km的塔里干河洞隧洞	已建
		放空底孔，洞径7m，导流洞改建长度750m	消力池		244.5			
云南澜沧江糯扎渡水电站	心墙堆石坝，最大坝高261.5m	左岸开敞式溢洪道共设8孔15m×20m，2个三孔一槽和中间一个二孔一槽，宽度151.5m，总长1445m	挑流加消能塘	18893	31318		电站进水口引渠长130~210m，按单机单管布置9条引水道，单机引用流量393m³/s，引水道直径9.2~8.8m。总装机容量5850MW（9×650MW）	已建
		左岸泄洪隧洞2孔，全长950m，有压段为内径12m圆形断面；无压段为12m×（16~21）m城门洞型断面	挑流消能	3217	3288	16728		
		右岸泄洪隧洞2孔，全长1062m，有压段为内径12m圆形断面；无压段为城门洞型12m×（18.28~21.5）m	挑流消能	2934	3023			

续表

工程名称	筑坝材料及坝高	泄水建筑物					引（输）水建筑物	备注
		型式及尺寸（管道个数、断面、断面尺寸、长度、水头）	消能工型式	设计	校核	消能防冲	型式及尺寸（管道个数、管径、长度、引用流量）	
四川雅砻江两河口水电站	砾石土心墙堆石坝，坝高 295m	洞式溢洪道，断面尺寸 16m×22m	挑流消能	3285	4055	5810	右岸引水隧洞引用流量 1488m³/s，压力钢管内径 7.5m，单机单管，单机引用流量 248.6m³/s，总装机容量 3000MW。压力管道长度 347.75~363.17m。6台机，总装机容量 3000MW（6×500MW）	在建
		深孔泄洪洞 1孔，有压短管孔口尺寸 9.5m×10.5m	挑流消能	2857	2944			
		竖井泄洪洞 1孔，孔口尺寸 9m×7m	挑流消能	—	1216			
		放空洞 1孔，有压短管孔口尺寸 7m×11.5m	挑流消能		2455			
四川大渡河长河坝水电站	砾石土心墙堆石坝，坝高 240m	1号深孔泄洪洞，洞身断面尺寸 14m×16.5m	挑流消能	3426	3692	6230	压力钢管内径 9.5m，采用机单管供水，引用流量 364.5m³/s。压力钢管长度 645.447~532.538m。总装机容量 2600MW（4×650MW）	已建
		2号、3号开敞泄洪洞，洞身断面尺寸 14m×16m	挑流消能	2140	3138			
		放空洞，洞身断面尺寸 7m×10m	挑流消能		1970			
四川大渡河双江口水电站	土质心墙堆石坝，最大坝高 314m	洞式溢洪道 1孔，孔口尺寸 16m×22m	挑流消能	3426	4138	5300	单机单管供水，单机引用流量 266.0m³/s。压力钢管内径 D=8.3m。厂内安装 4台容量 500MW 的立轴混流式水轮发电机组	在建
		深孔泄洪洞 1孔，孔口尺寸 10m×10m	挑流消能	2684	2768			
		竖井泄洪洞 1孔，孔口尺寸 9m×7m	洞内旋流消能		1196			
		放空洞 1孔，孔口尺寸 7m×6.5m	挑流消能		1209			
四川省大渡河瀑布沟水电站	砾石土心墙坝，最大坝高186m，覆盖层深 75.36m，2道混凝土防渗墙（净间距 12m）	左岸 1条溢洪道 3孔，孔口尺寸 12m×17m，3孔合 1槽，矩形陡槽，槽宽由 48m渐变为 34m，全长 990m	挑流消能	6241	6941	8230/7900	引水隧洞内径 9.5m，采用单机单管供水，引用流量 417m³/s，2条管道长 414.24m，550.334m。装机容量为 3300MW	已建
		左岸深孔泄洪洞 1孔，孔口尺寸 11m×11.5m	挑流消能	3219	3418			
		右岸 1条放空洞，孔口尺寸 7m×8m，全长 2024m	挑流消能		1431			

续表

工程名称	筑坝材料及坝高	泄水建筑物		泄流量/(m³/s)			引（输）水建筑物	备注
		型式及尺寸（管道个数，断面，长度，水头）	消能工型式	设计	校核	消能防冲	型式及尺寸（管道个数，管径，长度），引用流量	
黄河小浪底水利枢纽	壤土斜心墙堆石坝，最大坝高154m，1道混凝土防渗墙	左岸1条溢洪道，3孔闸门，孔口尺寸11.5m×17m，3孔1槽，工作闸门后为四级坡度的泄槽，泄槽净宽度28m，全长1000m	挑流消能	3700	3962	9000	（1）减淤。 （2）左岸6条内径7.8m引水隧洞，单机引用流量296m³/s，6台机，总装机容量1800MW（6×300MW）。 （3）城市及工业供水、灌溉。 （4）下游防洪标准由60年一遇提高到1000年一遇	已建
		左岸3条明流泄洪洞： 1号孔口尺寸分别是8m×10m，长度80m，洞径10.5m×13m； 2号孔口尺寸分别8m×9m，洞径10m×12m； 3号孔口尺寸分别是8m×9m，长度50m，洞径10m×11.5m	挑流消能	6373	6450			
		3条孔板泄洪洞，由导流洞改建，水头140m；1号孔口尺寸是4.8m×5.4m，长度139.4m，洞径14.5m；2号、3号孔口尺寸分别4.8m×4.8m，长度129.9m，洞径14.5m。3级孔板环突缩突扩消能	洞内消能	1907	3158			
		3条排沙洞，孔口尺寸3—4.4m×4.5m，长度122m，洞径6.5m	挑流消能	1500	2025			
西安市黑河引水工程金盆水利枢纽	黏土心墙砾石坝，最大坝高130m	右岸1条溢洪道，全长471m，1孔，孔口尺寸12m×16m，洞径12m×14m	挑流消能	1500	2200	3000	左岸引水洞是根据城市引水对水质的要求，设上、中、下三个分层取水口，洞身为直径3.5m的压力圆洞，出口弧门孔口尺寸2m×2m，弧门前布置有电站引水岔管，弧门后为洞内消力池，消力池后与电站尾水相接，分别为城市和农灌供水。全长764.17m，引水洞设计引水流量30.3m³/s，加大引水流量34.1m³/s。坝后电站3台，1台4MW和2台单机8MW，总装机容量20MW	已建
		左岸1条泄洪洞，1孔，孔口尺寸10m×10m，隧洞洞径10m×13m，全长643m	挑流消能	2388	2538			

续表

工程名称	筑坝材料及坝高	泄水建筑物		泄流量/(m³/s)			引(输)水建筑物	备注
		型式及尺寸(管道个数、断面、长度、水头)	消能工型式	设计	校核	消能防冲	型式及尺寸(管道个数、管径、长度、引用流量)	
四川省阿坝藏族自治州理县岷江杂谷脑河狮子坪水电站	碎石土心墙堆石坝,最大坝高136m,建于102m深覆盖层上,混凝土防渗墙	旋流竖井泄洪洞,弧形工作门孔口尺寸6m×10m,上平段长147m,6m×8.2m圆拱直墙型无压洞,底坡0.05,后接旋流竖井,消能竖井段由底部水垫池和竖井组成,总高度131.1m。涡室内径10m,高度19.52m,连接涡室和竖井的渐变段高度6m,内径由10m渐变为6.5m,竖井底部水垫池深度8m,内径6.5m。竖井后平段(兼导流)距竖井257m处为泄洪洞下平段(兼导流)结合	竖井旋流洞内消能	268.8		279	电站设计水头390m,引用流量57m³/s,总装机容量195MW(3×65MW)	已建
云南黄泥河鲁布革水电站	心墙堆石坝,最大坝高136m	放空洞和导流洞完全结合,全长768m,工作门尺寸4m×5m	底流消能	717.27			左岸边河岸式取水口,引水洞内径8m,全长9382m。4台机,单机容量150MW,单机引用流量214m³/s。总装机容量600MW(4×150MW)	已建
		1条左岸开敞式溢洪道,2孔13m×18m,2孔2槽,全长553m	挑流消能		6424	4910		
		1条左岸泄洪隧洞全长723.83m,圆形有压段直径12.88m	挑流消能	1790	1995			
		1条右岸泄洪隧洞,导流洞改建,全长681.08m,进口深孔放空清淤功能,弧形工作门7.5m×7m,圆形有压段直径10.9m	挑流消能			1638		
		1条左岸排沙隧洞全长781m,无压段尺寸8.5m×10.9m,直径5m	挑流消能	338				

续表

工程名称	筑坝材料及坝高	泄水建筑物		泄流量/(m³/s)			引（输）水建筑物	备注
		型式及尺寸（管道个数、断面、长度、水头）	消能工型式	设计	校核	消能防冲	型式及尺寸（管道个数、管径、长度、引用流量）	
云南省澜沧江一级支流漾濞江徐村水电站	心墙堆石坝，最大坝高65m，覆盖层深17m混凝土防渗墙	右岸开敞式溢洪道，全长320m	挑流消能		2007	4170	左岸引水洞，流量198 m³/s，长140m，洞径8.5m。总装机容量78MW（3×26MW）	已建
		左岸1条泄洪洞，水头55.5m，内径8.5m，全长630m	挑流消能		1043			
		右岸1条泄洪洞，水头58m，内径8.5m，全长530m	挑流消能		1143			
		左岸1条排沙洞，长90 m，接入左岸泄洪洞	底流消能					
昆明市掌鸠河引水供水的水源工程云龙水库供水工程	黏土心墙堆石坝，最大坝高77m	左岸开敞式无闸控制溢洪道，驼峰堰宽20m，全长551.31m，距坝顶5.33m	挑流消能		351.71		引水隧洞位于干左岸，进口设置五边形棱柱体取水塔，塔的4个面立面井壁上分别设3m×3m取水孔，取水孔间距9m，最低口底板高程与隧洞进口底板一致。引水隧洞为圆形压力洞，洞径2.5m，洞长535m，最大引用流量13m³/s	已建
		左岸1条泄洪隧洞，4m×4m，全洞长626.5m	挑流消能		366.8			
西藏日喀则满拉水利枢纽	心墙堆石坝，最大坝高76.3m，河床覆盖层31.6m，混凝土防渗墙	右岸1条侧槽式明流泄洪洞，由导流洞改建成"龙抬头"泄洪洞	底流消能		1168		发电引水洞采用一洞四机布置形式，全长996.13m，内径4.6m，总装机容量20MW（4×5MW）	已建
四川涪江一级支流火溪河水牛家水电站	碎石土心墙堆石坝，最大坝高108m，河床覆盖层29.6m混凝土防渗墙	右岸1条开敞式侧槽式边溢洪道	挑流消能		578		电站最大引用流量40.8m³/s，引水隧洞长234.7m，总装机容量70MW（2×35MW）	已建
		右岸1条放空兼导流洞	挑流消能					

表 1.6－3 碾压沥青心墙坝泄、引（输）水建筑物工程实例统计表

工程名称	筑坝材料及坝高	泄水建筑物 型式及尺寸（管道个数、断面、长度、水头）	消能工型式	泄流量/(m³/s) 设计	校核	消能防冲	引（输）水建筑物 型式及尺寸（管道个数、管径、长度）引用流量	备注
四川南桠河冶勒水电站	沥青混凝土心墙堆石坝，河床右岸覆盖层深度超过420m，最大坝高124.5m。坝基右岸垂直防渗墙加帷幕灌浆防渗总深度达200m，其中混凝土防渗墙深140m，中间廊道连接	1孔左岸泄洪洞，采用有压短洞进口，接无压洞身，再通过竖井与消能相结合，竖井下游段设一池深6.19m的水垫塘。孔口尺寸3.4m×4.0m，无压洞长426.7m。断面4.6m×6.9m～5.7m×5.7m	竖井消能	206.5	213.5	155	引水隧洞全长7118.8m，马蹄形断面尺寸4.6m×4.6m，双室式调压井，地下厂房，2台单机容量120MW水斗式水轮发电机组，总装机容量240MW（2×120MW）。设计最大水头644.8m，额定水头为580m。最大引用流量52.7m³/s。中国及亚洲地区第一次引进六喷嘴水斗冲击式水轮发电机组	已建
新疆车尔臣河大石门水利枢纽	碾压式沥青混凝土心墙坝，最大坝高128.8m	右岸表孔溢洪洞1孔，孔口尺寸12m×10m，总长542m，洞身长477.9m，断面尺寸8m×9.8m城门洞型	挑流消能	660	1063		（1）车尔臣河防洪标准由3年一遇提高到20年一遇。（2）右岸引水发电系统采用一洞四机的布置，洞径6m，全长811.304m。引水发电流量82m³/s，总装机容量60MW（4×15MW）	已建
		右岸底孔泄洪洞由导流洞改建，总长904.7m	挑流消能	699	840			

续表

工程名称	筑坝材料及坝高	泄水建筑物		泄流量/(m³/s)			引（输）水建筑物	备注
		型式及尺寸（管道个数、断面、长度、水头）	消能工型式	设计	校核	消能防冲	型式及尺寸（管道个数、管径、长度）引用流量	
新疆库什塔依水利枢纽	碾压式沥青混凝土心墙坝，最大坝高91.1m	溢洪洞，孔口宽12m，隧洞断面8m×10m	底流消能	678	870	1027	（1）发电引水洞2条，洞径7.2m，长395.7m，一洞二机，总装机容量100MW（2×35MW+2×15MW）。 （2）尾水接2.3km渠道灌溉	已建
		导流兼泄洪洞：孔口尺寸4m×5m，隧洞内径5.5m	底流消能	350	520			
四川金沙江巴塘水电站	沥青混凝土心墙堆石坝，最大坝高69m	3孔开敞式表孔溢洪道，孔口尺寸为14m×20m，3孔3槽，总长度分别为320m，300m，285m	挑流消能	7017/8658/3	3	6780	引水压力钢管，单管单机，管径11m，单机引用流量514.4m³/s，长度分别为156.79m，154.22m，152.36m。总装机容量750MW（3×250MW）	在建
		泄洪放空洞（施工期参与导流），单孔的孔口尺寸为6m×14m	挑流消能	1846	1907			
内蒙古、黑龙江嫩江尼尔基水利枢纽	沥青混凝土心墙堆石坝，最大坝高41.5m，覆盖层最深40m，混凝土防渗墙	右岸开敞式溢洪道，11孔12m×19m，泄槽宽166m，11孔合一单槽，泄力池、消力池进口差动式齿坎，出口为差动式消力齿坎，全长875m。溢洪道为低弗氏数泄洪建筑物，采用底流消能	底流消能	14227	20300	8097	（1）河床式电站250MW（4×62.5MW）。 （2）两岸灌溉 （3）改善下游航运及环境	已建

表 1.6-4　混凝土拱坝泄、引（输）水建筑物工程实例统计表

工程名称	筑坝材料及坝高	泄水建筑物 型式及尺寸（管道个数、断面、长度、水头）	消能工型式	泄流量/(m³/s) 设计	校核	消能防冲	引（输）水建筑物 型式及尺寸（管径、长度、水头）管道个数、引用流量	备注
金沙江白鹤滩水电站	混凝土双曲拱坝，最大坝高289m，玄武岩，玄武岩质角砾熔岩，局部存在柱状节理玄武岩	3条左岸泄洪洞，明流接无压18m，有压接无压	挑流消能	11715	12250	31100	左右岸各8条引水洞，单管单机，地下厂房，总装机容量16000MW（16×1000MW）	在建
		坝身表孔6个，孔口尺寸14.0m×15.0m	挑流+水垫塘	12534	17994		16台机，总装机容量16000MW（16×1000MW）	
		坝身深孔7个，孔口尺寸5.5m×8.0m	挑流+水垫塘	11833	12107			
金沙江乌东德水电站	混凝土双曲拱坝，最大坝高270m，厚层灰岩、大理岩，巨厚层白云岩	左岸3条泄洪洞，有压洞长度1200m	水垫塘	10010	10567	9633	左右单条输水线路最长分别为1428.4m，1103.7m，洞径13.5m，单管单机，单机引用流量691.1 m³/s。地下厂房，引用流量10200MW（12×850MW）	在建
		5个表孔，孔口尺寸12m×16m	水垫塘	10793	17037	4416		
		6个中孔，孔口尺寸6m×7m	水垫塘	9392	9754	9151		
黄河龙羊峡水电站	混凝土重力拱坝，最大坝高178m，坝基为花岗闪长岩	右岸边坡溢洪道，2孔闸门，工作门尺寸12m×14.5m，全长260m，270m	挑流消能	2×1500	2×2200	5410	四条压力钢管，直径7.5m。每条压力钢管引用流量1280MW（4×320MW）	已建
		中孔泄水道，8m×9m	挑流消能	2140	2250			
		深孔泄水道，5m×7m，压力段长50m，明渠段长200m	挑流消能	1280	1360			
		底孔泄水道，5m×7m，压力段长60m，明渠段240m	挑流消能	1440	1520			
黄河李家峡水电站	混凝土双曲拱坝，大坝高155m，基础为深变质的黑云母质长英质条带状混合岩，长英质条带状混合岩，夹有片岩和花岗伟晶岩脉	左底孔，5m×7m，全长214.95m	挑流消能	1175	1185	4100	引水压力钢管总长约148m，直径为8m。引水流量377m³/s，电站安装5台混流式水轮发电机组（一期4台，二期1台），是中国首例采用双排机布置的水电站。总装机容量2000MW（5×400MW）	已建
		左中孔，8m×10m，全长231.20m	挑流消能	2320	2353			
		右中孔，8m×10m，全长238.57m	挑流消能	2300	2325			

续表

工程名称	筑坝材料及坝高	泄水建筑物 型式及尺寸（管道个数，断面，长度，水头）	消能工型式	泄流量/(m³/s) 设计	校核	消能防冲	引（输）水建筑物 型式及尺寸（管道个数，管径，长度）引用流量	备注
黄河拉西瓦水电站	混凝土双曲拱坝，最大坝高250m，坝基为花岗岩	表孔，共3孔，孔口尺寸13m×9m	水垫塘	2819	4846	4180	6条引水管道，管道内径8m，引用流量330m³/s。长度173.32～331.20m。总装机容量4200MW（6×700MW）	已建
		深孔，共2孔，孔口尺寸5.5m×6m	水垫塘	1460	1464			
四川雅砻江锦屏一级水电站	混凝土双曲拱坝，最大坝高305m，坝基为砂板岩、白云岩	泄流表孔4个，工作门孔口尺寸11m×12m	水垫塘	3675	5106		采用单机单管供水，单机设计引用流量337.4m³/s，6条管道平行布置，长度556.8～463.5m，管径9.0m。压力管道采用钢筋混凝土衬砌，衬砌厚度1m。总装机容量3600MW（6×600MW）	已建
		泄流深孔5孔，工作门孔口尺寸5m×6m	水垫塘	5394	5471	10900		
		1条泄洪洞，有压接无压，工作门孔口尺寸13m×10.5m无压洞断面尺寸17m×13m，总长1450m	水垫塘	3229	3320			
四川大渡河大岗山水电站	混凝土双曲拱坝，最大坝高210m，坝基岩体由灰白色、微红色黑云二长花岗岩组成	深孔，4孔，孔口尺寸6.0m×6.6m，水头84m，87m	水垫塘	5211	5462		左岸地下引水发电系统，采用单机单洞供水，单机设计引用流量447.6m³/s，4条管道平行布置，长度346.3～304.11m，管径10.0m。总装机容量2600MW（4×650MW）	已建
		右岸开敞式进口无压泄洪洞，全长1045.8m，14m×18m	挑流消能	1838	3352	7040		
金沙江溪洛渡水电站	混凝土双曲拱坝，最大坝高278m，坝基玄武岩	表孔7个，工作门孔口尺寸12.5m×13.5m	水垫塘	9282	19397		采用单机单洞供水，单机设计引用流量466m³/s，4条管道平行布置，左岸9条300.45～397.25m，右岸9条291.65～353.25m，管径10.0m，总装机容量13860MW（18×770MW）	已建
		深孔8个，工作门孔口尺寸6.0m×6.7m	水垫塘	12360	12880			
		4条泄洪洞，有压接无压，无压洞14m×19m，长1400m	挑流消能	15432	16648	34800		

表 1.6－5　碾压混凝土（RCC）拱坝泄、引（输）水建筑物工程实例统计表

工程名称	筑坝材料及坝高	泄水建筑物		泄流量/(m³/s)			引（输）水建筑物		备注
		型式及尺寸（管道个数、断面、长度、水头）	消能工型式	设计	校核	消能防冲	型式及尺寸（管道个数、管径、长度、水头）	引用流量	
四川沙牌水电站	三心圆单曲碾压混凝土拱坝，最大坝高130m，坝基为花岗岩	1 号泄洪隧洞，结合导流洞的利用，洞身采用涡漩式内消能竖井泄洪洞，全长 272.28m。下平段断面 3.4m×5.5m。进水口设一道事故检修闸门和一道工作弧门，弧门孔口尺寸 3.4m×5.0m，工作水头 20m	洞内消能，竖井涡漩流消能	244	244		发电引水系统布置在拱坝右岸，引水隧洞全长 3500.92m，洞径 3m，引用流量 15.6m³/s，为圆筒阻抗式，直径 4.5m，高 99.36m，调压井后接埋藏式压力钢管，支管直径 1.2m。2 台机共用 1 根总管，支管径 2m，水轮机设计水头 275m，总装机容量 36MW（2×18MW）		已建
		2 号泄洪隧洞，洞身采用长陡坡，坡度 0.1，全长 292.28m。隧洞典型过水断面 (2.8~3.4)m×(4.0~4.5)m。塔式进水口设一道事故检修闸门和一道工作弧门，弧门孔口尺寸 2.8m×2.5m，工作水头 61m	出口挑流	214	214				
陕西岚河蔺河口水电站	单圆心等厚双曲碾压混凝土拱坝，最大坝高 96.5m	5 孔 9m×10.5m 泄洪表孔，2 孔临时导流底孔尺寸 5.5m×6.0m，导流底孔尺寸分别是 5.5m×6.0m，5.0m×6.0m	出口挑流＋护底岸坡护底	2400	3080	2480	左岸引水发电系统由进水口、引水隧洞、调压井和压力管道组成，全长 2940m。引用流量 93m³/s，洞径 6m，发电厂房为地面厂房，总装机容量 72MW（3×24MW）		已建
		1 条泄洪洞，由 5m×6.5m 的导流洞以"龙抬头"的形式改建而成，全长 351.85m	出口挑流	380	417				

续表

工程名称	筑坝材料及坝高	泄水建筑物 型式及尺寸（管道个数，断面，长度，水头）	消能工型式	泄流量/(m³/s) 设计	校核	消能防冲	引（输）水建筑物 型式及尺寸（管道个数，管径，长度）引用流量	备注
引汉济渭三河口水利枢纽	碾压混凝土双曲拱坝，大坝坝高145m	泄洪表孔，3孔，闸门孔口尺寸15m×15m	出口挑流＋水垫塘消能	5070	6020	4560	枢纽最大供水流量70 m³/s，供水阀最大流量31m³/s，供水阀室安装2台减压供水阀，压力管道直径2.5m，单台设计流量15.5m³/s。坝后泵站设计抽水流量18m³/s，设计扬程93.57m，总装机功率23MW，电站总装机容量64MW，设计流量72.71m³/s，由2台常规机组与2台设计向机组组成，2台常规（2×20MW）、单台设计流量23 m³/s，2台双向、单台抽水流量9 m³/s。连计发电流量12m³/s，单台双向（2×12MW）。出接洞长197.815m，进口接坝后电站抽尾水洞，出口接坝后右岸控制闸，隧洞横断面为马蹄形，断面尺寸6.94m×6.94m	在建
		泄洪底孔，2孔，闸门孔口尺寸4m×5m	出口挑流＋水垫塘消能	1540	1560			
云南宜威万家口子水电站	碾压混凝土双曲拱坝，最大坝高167.5m	溢流表孔，位于坝顶中央设3孔，闸门孔口尺寸12.0m×13.0m	出口挑流＋水垫塘消能	3563	4004	3674	右岸引水发电系统由进水塔、引水发电洞、两机组成，一管两机组，全长534.77m。引用流量160m³/s，洞径7m，高压段钢管直径6m，支管钢管直径4m，发电厂房为地面厂房，总装机容量180MW（2×90MW）	已建
		坝身设2孔冲砂中孔，3m×4.5m	出口挑流＋水垫塘消能	961	954			
贵州贵阳大花水水电站	碾压混凝土双曲拱坝，最大坝高134.5m	溢流表孔，3孔，闸门孔口尺寸13.5m×8.0m	出口挑流	2092	3369	4381	进水口为坝式进水口，引水隧洞位于左岸，长约5360m，直径7.6m，引用流量78.1m³/s，调压井内径为16.0m，压力钢管内径6.0m，支管内径均为4.0m，发电厂房为地面厂房，总装机容量200MW（2×100MW）	已建
		坝身中孔，2孔，闸门孔口尺寸6m×7m	出口挑流	2535	2596			

续表

工程名称	筑坝材料及坝高	泄水建筑物		泄流量/(m³/s)			引(输)水建筑物	备注
		型式及尺寸（管道个数、断面、长度、水头）	消能工型式	设计	校核	消能防冲	型式及尺寸（管径、长度）（管道个数、引用流量）	
湖北三里坪水电站	碾压混凝土双曲拱坝最大坝高141m	溢流表孔，3孔，闸门孔口尺寸12m×8.0m	出口挑流＋天然水垫塘	1733	2581	700	右岸引水发电系统由进水口、引水隧洞、主厂房和尾水洞组成，全长458m。采用2机1洞，尾水单机单洞。引水隧洞洞径5.5m，支洞洞径3.2m，右岸山体地下厂房90.3m³/s，总装机容量70MW（2×35MW）	已建
		坝身中孔，2孔，闸门孔口尺寸5m×7m	出口挑流＋天然水垫塘	1958	2002			
四川凉山立洲水电站	碾压混凝土双曲拱坝最大坝高132m（不包括垫座）	溢流表孔，2个，工作闸门孔口尺寸8m×8m	出口挑流＋护岸不护底消力池	1590	1100	1450	右岸引水发电系统，采用1洞3机，由进水口、引水隧洞、调压井和压力管道组成，引水隧洞全长17.244km，洞径8.2m，发电厂房为地面厂房。在引水隧洞后300m处，布置在右岸坝后一2m洞径的隧洞处分岔出一洞三岔，经明管引水至右岸生态厂房。采用一洞双机供水方式。总装机容量355MW（3×115MW＋2×5MW）	已建
		中孔，1个，工作闸门孔口尺寸5m×6m	出口挑流＋护岸不护底消力池		865			
陕西西安李家河水库	碾压混凝土双曲拱坝最大坝高98.5m	泄洪表孔位于坝体中部，1孔，工作闸门门孔口尺寸12m×8m	出口挑流	482	637	826	引水洞进口位于大坝左岸，全长946.35m，直径2.5m，设计流量7.5m³/s，引水洞出口水流经连接箱涵后汇入输水干渠	已建
		泄洪底孔位于表孔左侧，1孔，工作闸门门孔口尺寸4m×4.5m	出口挑流	508	515			
湖北招徕河水利枢纽	对数螺旋型双曲大坝混凝土拱坝，最大坝高107m，厚层致密灰质白云岩	泄洪表孔，3孔，工作闸门门孔口尺寸2—12m×7.5m和工作闸门门孔口尺寸1—12m×8.5m	出口挑流	2020	2814.8	1710	引水隧洞洞径3.8m，长度1038m，一洞三岔，3台机，总装机容量36MW（3×12MW）	已建
		1条放空洞，由导流洞以"龙抬头"的形式改建而成，洞径2m，在永久埋头预埋钢构盖，通过控爆螺栓工作，需要放空时，予以爆开放空库水	出口挑流					

表1.6-6　混凝土重力坝泄、引（输）水建筑物工程实例统计表

工程名称	筑坝材料及坝高	泄水建筑物 型式及尺寸（管道个数、断面、长度、水头）	消能工型式	泄流量/(m³/s) 设计	校核	消能防冲	引（输）水建筑物 型式及尺寸（管道个数、管径、长度、引用流量）	备注
黄河刘家峡水电站	混凝土重力坝，最大坝高147m	3孔溢洪道，孔口尺寸10m×8.5m，总长875m	挑流消能	3785	4260		电站5个机组进水口，2台为直径7m钢衬引水隧洞地下厂房，单机引用流量258m³/s，单机容量255MW，地下厂房总装机容量510MW；3台为坝内钢管坝后厂房，直径7m，单机引用流量345m³/s，2台单机坝后厂房容量260MW，1台单机容量320MW，2台单机坝后厂房总装机容量840万kW，坝后厂房总装机容量840万kW。右岸排沙洞增设5台机，装机容量50MW。新增桃河排沙洞"一洞两用"，发电洞在排沙洞距进口1020m引出发电洞，洞径10m，调压井位干分洞下游320m，两机一井，井后2条压力钢管，直径6m，装机容量300MW（2台×150MW），总装机容量1700MW	已建
		1孔泄洪洞兼导流洞，进水口为有压短管，孔口尺寸8m×9.5m，无压洞坡门洞型断面8m×13m，全长534.8m	挑流消能	2180	2200			
		2孔坝内泄水道，工作门孔口尺寸3m×8m，全长241m，泄洪、排沙、放空	挑流消能	0	1530			
		右岸1孔排沙洞，工作门孔口尺寸2m×1.8m，有压接无压，有压段洞径3m，无压段圆拱直墙3.5m×3m，全长675.5m	挑流消能	105				
		新增桃河口对岸，1孔左岸有压排沙洞，洞径10m，全长1481m	挑流消能	600	859.47			
四川雅砻江锦屏二级水电站	首部拦河混凝土闸坝，最大闸高37m，闸顶长162m	拦河闸5孔，每孔宽13m×22m	底流消能	13000			引水隧洞共4条，洞径11m，隧洞洞线平均长度为16.60km，总装机容量4800MW（8×600MW）	已建
青海黄河尼那水电站	混凝土闸坝，最大坝高43.4m	左岸泄洪闸3孔，孔口尺寸12m×7m	底流消能	2840	4079	4370	河床式厂房坝段装机4台160MW（4台×40MW）灯泡贯流式机组	已建
		底孔1孔，孔口尺寸8m×6m	底流消能	811	876			
		排沙孔4孔，孔口尺寸3m×2.5m	淹没出流	309	444			

续表

工程名称	筑坝材料及坝高	泄水建筑物		泄流量/(m³/s)			引（输）水建筑物	备注
		型式及尺寸（孔数、断面、长度、水头）	消能工型式	设计	校核	消能防冲	型式及尺寸（管道个数、管径、长度）引用流量	
青海黄河大河家水电站	混凝土泄洪闸坝段长 71.50m，右岸混凝土防渗墙砂砾石坝长 227.75m，最大坝高 45.5m	泄洪闸 3 孔，孔口尺寸 15m×18.5m	底流消能	5277	6057	4660	河床式厂房坝段装机 4 台 140MW（4 台×35MW）灯泡贯流式机组。总装机容量	已建
		排沙孔 3 孔，孔口尺寸 1.5m×3m	淹没出流	120	123			
青海黄河苏只水电站	混凝土重力坝，最大坝高 51.65m，右副坝土石坝最大坝高 25.5m	泄洪闸 3 孔，孔口尺寸 14m×9.2m	底流消能	4467	5468	3646	河床式厂房坝段装机 3 台单机 75MW 的轴流式发电机组。总装机容量 225MW	已建
		排沙孔 3 孔，孔口尺寸 4.5m×2.5m	底流消能	522	519			
甘肃黄河炳灵水电站	溢流式厂房，混凝土重力坝，最大坝高 61m	泄洪表孔 5 孔，孔口尺寸 13m×13m	厂顶溢流	4360	4960	3952	河床式厂房，厂内布置 5 台贯流式机组、单机容量为 48MW，单机引用流量 332.5m³/s。总装机容量 240MW（5×48MW）	已建
		泄洪底孔 1 孔，孔口尺寸 8m×8m	底流消能	787	828			
		排沙孔 3 孔，孔口尺寸为 2.5m×5.0m	底流消能	525	507			
陕西汉江蜀河水电站	溢流式厂房，混凝土重力坝，最大坝高 72m	表孔 1 孔，孔口尺寸 12m×7m	挑流消能	4180	5780	27800	河床式厂房，厂内布置 6 台贯流式机组、单机容量 45MW，单机引用流量 261m³/s。总装机容量 276MW（6×46MW）	已建
		泄洪闸 4 孔，孔口尺寸 13m×23.5m	底流消能	13180	13040			
		溢流表孔布置于厂房主机层与坝顶之间，共分 6 孔，孔口尺寸 12m×21m	厂内溢流	13080	16480			
		排沙孔 2 孔，进口孔口尺寸 2.0m×5.0m，出口孔口尺寸 2.0m×4.0m	底流消能	300	320			
甘肃黄河大峡水电站	河床式电站、混凝土重力坝，最大坝高 72m。坝址基岩为黑云角闪岗岩英片岩及变质砾岩、岩体坚硬完整	表孔 3 孔，孔口尺寸 11m×15m	底流消能	3927	5562	6300	河床式厂房布置 4 台 75MW 和 1 台 24.5MW 的轴流转桨式机组，总装机容量 324.5MW。单机引用流量 390m³/s	已建
		底孔 2 孔，孔口尺寸 6m×8m	底流消能	1683	1826			
		排沙孔 4 孔，孔口尺寸 4.4m×2m	淹没出流	397	492			

续表

工程名称	筑坝材料及坝高	泄水建筑物 型式及尺寸（管道个数，断面，长度，水头）	消能工型式	泄流量/(m³/s) 设计	校核	消能防冲	引（输）水建筑物 型式及尺寸（管径，管道个数，长度），引用流量	备注
湖南省沅水五强溪水电站	混凝土重力坝，最大坝高85.83m	表孔9个，孔口尺寸19m×23m	宽尾墩+消力池	41403	50037	44000	河床右侧坝后厂房，单机引用流量615m³/s。布置5台240MW，总装机容量1200MW	已建
		中孔1个，孔口尺寸9m×12.27m	消力池	2523	2700			
		底孔5个，孔口尺寸3.5m×7.43m	消力池	2894	3863			
浙江新安江水电站	混凝土宽缝重力坝，最大坝高105m，坝基岩石为砂岩	溢流表孔9孔，每孔口尺寸13m×10.5m	厂顶溢流	9500	13200	9000	厂房为坝后厂房顶溢流式。厂房顶部与拦河坝连接。厂房下部与拦河坝用垂直缝分开，厂房全长216.1m。副厂房布置在拦河坝体与主厂房之间。钢管直径5.2m，管单机，9台机组，4台单机75MW，5台单机72.5MW，总装机容量662.5MW	已建
云南澜沧江漫湾水电站	混凝土重力坝，最大坝高132m，坝基岩石为流纹岩	溢流表孔5孔，每孔口尺寸13m×20m	厂顶溢流+水垫塘	10021	15340	13200	厂房为坝后厂房顶溢流全封闭结构，安装6台单机容量为25MW机组，二期增加1台立轴混流式水轮机，总装机容量1500MW。单机引用流量321m³/s。压力管道洞径10m	已建
		左岸泄洪洞1孔，有压接无压，工作闸门孔口尺寸12m×12m，无压洞身断面城门洞型12m×16m，总长372m	挑流消能	2500	2600			
		2孔左、右岸排沙底孔兼放空，孔口尺寸5m×8m	挑流消能	2223	2297			
		底孔1孔，孔口尺寸3.5m×4m	淹没出流	581				

续表

工程名称	筑坝材料及坝高	泄水建筑物 型式及尺寸（孔管个数、断面、长度、水头）	消能工型式	泄流量/(m³/s) 设计	校核	消能防冲	引（输）水建筑物 型式及尺寸（管径、长度）引用流量	备注
金沙江向家坝水电站	混凝土宽缝重力坝，最大坝高162m	表孔12个，孔口尺寸8m×26m	底流消能	25812	28440	34800	左岸引水发电系统，钢管直径12.2m；右岸引水发电系统，洞径13.4m、14.4m，长度314～208m，引用流量893m³/s。单机8×750MW，总装机容量6000MW	已建
		中孔10个，孔口尺寸6m×9.6m	底流消能	19618	20601			
四川嘉陵江亭子口水电站	混凝土重力坝，最大坝高116m，基础砂岩、粉砂岩、黏土岩互层	表孔8个，孔口尺寸14m×22.8m	宽尾墩+跌坎式底流消力池	25033	27786	28000	(1) 坝后式厂房，4台机，单机钢管直径8.7m，引用流量432.1m³/s，单机容量104MW，总装机容量1100MW。(2) 通航建筑物规模2×500t级，通航最大水头85.4m，3级船闸。垂直升船机布置右岸导流明渠内，总长度1414.9m。(3) 灌溉引水首部建筑物包括左岸引水流量82.65m³/s，右岸引水流量9.2m³/s，可灌溉衣田292.14万亩，可供应200万人的生产生活用水	已建
		底孔5个，孔口尺寸6m×9m	底流消力池	9463	9800			
陕西安康水电站	混凝土重力坝，最大坝高128.0m，基础为绢云母千枚岩	表孔5个，孔口尺寸15m×17m	贴角宽尾墩+消力池	14010	18980	25520	坝后式厂房，4台机，单管单机，单机引用流量304m³/s。后增加右岸排沙洞出口1台小机，总装机容量852.5MW（4×200MW+52.5MW+52.5MW）	已建
		中孔5个，孔口尺寸11m×12m	不对称宽尾墩+消力池、挑流	11123	12287			
		底孔4个，孔口尺寸5m×8m	挑流消能	4654	4835			

表1.6-7　碾压混凝土（RCC）重力坝泄、引（输）水建筑物工程实例统计表

工程名称	筑坝材料及坝高	泄水建筑物		泄流量/(m³/s)		消能防冲	引（输）水建筑物	备注
		型式及尺寸（断面，长度，水头）	消能工型式	设计	校核		型式及尺寸（管道个数、管径、长度）引用流量	
广西红水河龙滩水电站	碾压混凝土坝，坝高为216.5m	表孔7孔，孔口尺寸15m×20m	挑流消能	27000	35500/27692	23000	左岸引水发电系统，9条引水隧洞，直径10m。总装机容量5400MW（9×600MW）	已建
		底孔2孔，孔口尺寸5m×8m	挑流消能	1410				
贵州北盘江光照水电站	碾压混凝土（RCC）重力坝，坝高200.5m	坝身表孔，共3孔，单孔净宽16m	窄缝消能	9445	9857	7719	二洞四机分组供水，设计最大引用流量845.8m³/s。引水隧洞长457.1m，519.5m。洞径均为11m。四条压力钢管平均长度288m。总装机容量1040MW（4×260MW）	已建
		底孔（兼排沙）进口段4m×6.5m，出口4m×6m	挑流消能	799				
云南金沙江鲁地拉水电站	碾压混凝土（RCC）重力坝，坝高140m	表孔：5孔，孔口尺寸15m×19m	宽尾墩+底流消能	11248	15554	13400	单机单洞引水，共6条引水洞，用流量3036m³/s，隧洞长274.74～348.36m。引水洞径均为11m。总装机容量2160MW（6×360MW）	已建
		底孔，2孔，孔口尺寸6m×9m	挑流消能	3134	3204			
云南澜沧江功果桥水电站	碾压混凝土（RCC）重力坝，坝高105m	表孔：5孔，孔口尺寸14m×18.5m	宽尾墩+底流消能	11313	13855	9170	单机单洞引水，共4条引水洞，引用流量1776m³/s，隧洞长183.83～215.087m。引水洞径均为11m。总装机容量900MW（4×225MW）	已建
		底孔，2孔，孔口尺寸5m×7m	挑流消能	1745	1798			
云南澜沧江乌弄龙水电站	碾压混凝土（RCC）重力坝，坝高137.5m	表孔：3孔，孔口尺寸15m×19m	宽尾墩+底流消能	8713	10466	7060	引水隧洞按"一机一洞"设置，共4条，平行布置，长度分别为247.542m，268.33m，289.119m，309.907m。引水洞径取9.2m，引用流量1378.8m³/s。总装机容量990MW（4×247.5MW）	已建
		底孔，2孔，孔口尺寸3.5m×6m	挑流消能	1252	1278			

续表

工程名称	筑坝材料及坝高	泄水建筑物		泄流量/(m³/s)			引（输）水建筑物	备注
		型式及尺寸（孔数、断面、长度、水头）	消能工型式	设计	校核	消能防冲	型式及尺寸（管道个数、管径、长度）引用流量	
云南澜沧江里底水电站	碾压混凝土（RCC）重力坝，坝高75m	溢洪道，2孔，孔口尺寸14m×22.5m	底流消能	5991	6382	7160	河床式厂房，设计引用流量1378.5m³/s。装机容量420MW（3×140MW）	已建
		底孔，3孔，进口闸门孔口尺寸10m，出口7m×8.5m	底流消能	4065	4118			
		排沙孔，3孔，孔口尺寸5.0m×3.6m	底流消能	524	533			
云南澜沧江景洪水电站	碾压混凝土（RCC）重力坝，坝高108m	7孔溢流表孔，孔口尺寸15m×21m	底流消能	34800			左岸坝后式厂房，单机单管，单管直径11.2m，单机设计引用流量665.56m³/s。总装机容量1750MW（5×350MW）	已建
		左、右岸各布置一条冲沙底孔，孔口尺寸为3m×5m及5m×8m	挑流消能					
		5个导流底孔位于溢流坝段下部，孔口尺寸8m×14m	底流消能					
贵州索风营水电站	碾压混凝土（RCC）重力坝，坝高115.8m	7孔开敞式坝身溢流表孔，孔口尺寸13m×19m	挑流消能	12500	15956	11200	发电进水口采用岸塔式布置于大坝上游右岸，尾水出口位于消力池下游30m处，引水隧洞及压力钢管内径分别为9.9m和7.344m，尾水道隧洞为10m×16、13m圆拱直墙形，3条引水道及尾水道平均长度分别为196.42m和106.3m；地下厂房3洞3机。单机引用流量327.6m³/s；装机容量600MW（3×200MW）	已建
云南金沙江阿海水电站	碾压混凝土（RCC）重力坝，坝高132m	5孔溢流表孔，孔口尺寸13m×20m	底流消能	14400	17500	12200	右岸坝后式厂房，引水单管单机，坝后背管，管道直径10.5m，引用流量5×572m³/s。装机容量2000MW（5×400MW）	已建
		左岸布置2孔冲沙底孔，孔口尺寸5m×8m	挑流消能					
		右岸布置1孔冲沙底孔，孔口尺寸为4m×4m	挑流消能					

续表

工程名称	筑坝材料及坝高	泄水建筑物		泄流量/(m³/s)			引(输)水建筑物	备注
		型式及尺寸（管道个数、断面、长度、水头）	消能工型式	设计	校核	消能防冲	型式及尺寸（管径、长度）、引用流量	
云南金沙江金安桥水电站	碾压混凝土（RCC）重力坝，坝高160m，坝基凝灰岩	右岸5孔溢流表孔，孔口尺寸13m×20m	底流消能	11629	14980		洞床坝后式厂房，4台机，引水采用单管单机，引水管道直径10.5m坝后背压式钢管，外包2m厚钢筋混凝土。引水系统采用一管三机，由岸边引水洞、引水隧洞和岔洞及支管组成，引用流量644m³/s，单机引用流量215m³/s。总装机容量2400MW（4×600MW）。预留扩机3×200MW	已建
		右岸布置2孔泄洪冲沙底孔，工作闸门孔口尺寸为5m×8m	底流消能	1861	2674.9	12400		
		左岸布置1孔冲沙底孔，工作闸门尺寸为5m×8m	底流消能	566				
云南四川金沙江观音岩水电站	混合坝：河床碾压混凝土（RCC）重力坝，坝高159m，右岸黏土心墙堆石坝，坝高75m	4孔开敞式岸边溢洪道，孔口尺寸13m×21m	挑流消能	10054	12732		电站进水口布置河中坝段，坝式进水口及坝后式厂房采用单管单机，管径10.5m，单机引用流量645m³/s。总装机容量3000MW（5×600MW）	已建
		3孔溢流表孔，孔口尺寸9m×18m	挑流消能	2372	5372	12583		
		2孔泄洪中孔，孔口尺寸5m×9m	跌坎式底流消能	2974	3035			
四川雅砻江官地水电站	碾压混凝土（RCC）重力坝，坝高168m	5孔溢流表孔，孔口尺寸15m×19.827m	宽尾墩+连续跌坎+底流消力池	14000	15500		右岸引水发电系统及地下厂房，压力管道平行布置，4条管道采用单管单机，中心轴线距离39.1m，内径11.8m，管道长度297.374～411.455m，单台机引用流量582.25m³/s，总装机容量2400MW（4×600MW）	已建
		2孔泄洪放空中孔，孔口尺寸5m×8m，水头90m	底流消力池			11900		
广西郁江百色水利枢纽	碾压混凝土（RCC）重力坝，坝高130m	4孔溢流表孔，孔口尺寸14m×18m	宽尾墩+中孔挑流+底流挑流消力池	10675	11685	9440	(1)防洪。可使南宁防洪堤提高到50年一遇标准，远期可到100年一遇洪水标准。(2)地下厂房布置在左岸，引水隧洞、主厂房、主变室、尾水洞等组成，钢管首径6.5m，管道长度195.5～266.8m，单台机引用流量173m³/s。总装机容量540MW（4×135MW）。(3)灌溉。(4)通航	已建
		3孔泄洪中孔，孔口尺寸5m×9m	底流消能		2089			

1.6.4　深埋长距离引（输）水建筑物工程实例

深埋长距离引水或输水建筑物工程实例，见表 1.6-8。

表 1.6-8　　　　　　　　　　深埋长距离引水或输水建筑物工程实例

工程名称	枢纽建筑物	深埋长距离引水或输水隧洞	备注
陕西省引汉济渭工程	由黄金峡水库枢纽、黄金峡水源泵站、黄金峡至三河口输水工程、三河口水库和秦岭隧洞等五部分组成。黄金峡水利枢纽是引汉济渭工程的两个水源之一，也是汉江上游梯级开发规划的第一级。 黄金峡水利枢纽水库坝址位于汉江干流黄金峡锅滩下游 2km 处，主要任务是拦蓄汉江河水，雍高水位，兼顾发电。拦河坝为混凝土重力坝，最大坝高 63m，总库容 2.21 亿 m³，调节库容 0.98 亿 m³，为日调节水库，正常蓄水位 450m，死水位 440m，河床式电站装机容量 135MW，多年平均发电量 3.51 亿 kW·h。 黄金峡泵站位于黄金峡水库库区左岸良心河内，距良心河入汉江河口约 900m，工程任务是将黄金峡水库的水扬高送至黄三隧洞，多年平均抽水量 9.69 亿 m³。泵站设计抽水流量 70m³/s，总扬程 106.45m，安装 7 台水泵电动机组，单机设计流量 18m³/s，泵站总装机功率约 126MW。 黄三隧洞进口位于良心河左岸李家湾（黄金峡泵站出水闸），出口位于三河口水利枢纽坝后 300m 处汇流池，工程任务是将黄金峡泵站抽取的汉江水送入三河口水利枢纽坝后汇流池。隧洞为明流洞，全长 16.481km，设计流量 70m³/s，多年平均输水量 9.76 亿 m³，纵坡 1/3000，横断面为马蹄形，断面尺寸 6.76m×6.76m。 三河口水利枢纽为引汉济渭工程的两个水源之一，是整个调水工程的调蓄中枢。三河口水利枢纽坝址位于佛坪县与宁陕县交界的子午河峡谷段，在椒溪河、蒲河、汶水河交汇口下游 2km 处，主要任务是调蓄本流域子午河来水及通过泵站抽调入库的汉江干流水量。拦河坝初选坝型为碾压混凝土重力坝，最大坝高 145m，总库容 7.1 亿 m³，调节库容 6.62 亿 m³，正常蓄水位 643m，坝后泵站设计抽水流量 18m³/s，设计总扬程 93.57m，总装机功率约 24MW。坝后电站装机容量 60MW，多年平均发电量 1.325 亿 kW·h。 输水工程越岭段：横穿秦岭山脉，地跨陕南、关中两地区，连接长江、黄河两大流域，将三河口水利枢纽调解后的水量自流送入关中配水管网	输水隧洞包括黄三隧洞和秦岭隧洞，全长 98.259km。 黄三隧洞为明流洞，全长 16.48km，设计流量 70m³/s，多年平均输水量 9.76 亿 m³，纵坡 1/3000，横断面为马蹄形，断面尺寸 6.76m×6.76m。 输水工程越岭段为明流洞，隧洞进水口位于三河口水库坝后子午河右侧山体内与黄三隧洞相接，洞底高程 542.65m；隧洞出水口位于黑河金盆水库下游至县马召镇东约 2km 的黄地沟口，洞底高程 510.0m；隧洞全长 81.779km；设计流量 70m³/s。年平均输水量 15.05 亿 m³；输水方式为无压自流输水；隧洞洞内底坡 1/2500；洞身山体最大埋深 2000m。 隧洞断面：钻爆法施工过水断面马蹄形 6.76m×6.76m、TBM 施工过水断面圆形直径 8.02m 两种形式。 衬砌厚度： （1）钻爆法施工段：围岩类别为 Ⅱ、Ⅲ、Ⅳ、Ⅴ 时分别为 0.3m、0.35m、0.4m、0.45m。 （2）TBM 法施工段：围岩类别为 Ⅲ、Ⅳ、Ⅴ 时分别为 0.3m、0.3m、0.3m。 外压：堵排结合，以排为主。 （1）回填灌浆：围岩类别为 Ⅱ、Ⅲ、Ⅳ、Ⅴ，范围为顶拱 120°，每排 2 或 3 孔、排距 3m、梅花布置，灌浆压力 0.2～0.5MPa。 （2）固结灌浆：围岩类别为 Ⅳ、Ⅴ，范围为全断面，每排 5～6 孔、梅花布置，深入围岩 4～5m，灌浆压力 0.7MPa。 （3）排水：围岩类别为 Ⅱ、Ⅲ、Ⅳ、Ⅴ，范围为顶拱 120°，每排 2 或 3 孔、排距 3m、梅花布置，Ⅱ、Ⅲ、Ⅳ 围岩孔深 2m，Ⅴ 类围岩孔深 2～3m	在建

工程名称	枢纽建筑物	深埋长距离引水或输水隧洞	备注
四川雅砻江锦屏二级水电站	锦屏二级水电站位于四川省凉山彝族自治州境内的雅砻江干流上，系雅砻江下游梯级开发的骨干水电站之一。二滩水电站是它下游的第二个梯级水电站，闸址上游 7.5km 处是锦屏一级水电站，为具有年调节能力的雅砻江干流下游梯级龙头电站。 锦屏二级水电站利用 150km 锦屏大河湾的天然落差，裁弯取直开挖隧洞引水发电，共安装 8 台 600MW 的水轮发电机组，总装机容量 4800MW，额定水头 288m³，保证出力 2051MW，多年平均发电量 249.9 亿 kW·h，装机利用小时数为 5680h。水库正常蓄水位为 1646m，其相应库容为 1428 万 m³，调节库容为 402 万 m³。闸址以上流域面积 10.3 万 km²，多年平均流量 1220m³/s。 锦屏二级水电站工程属大型工程，工程等别为一等，永久性主要建筑物为 1 级建筑级。枢纽工程主要由首部拦河闸、引水发电系统、尾部地下厂房三大部分组成，为一低闸、长隧洞、高水头、大容量引水式电站。首部拦河闸位于西雅砻江的猫猫滩，最大闸高 37m，闸顶长 162m，拦河闸共设 5 个闸孔，每孔宽 12m	首部闸址位于西雅砻江的猫猫滩，最大闸高 37m；电站进水口位于西雅砻江的景峰桥，地下厂房位于东雅砻江的大水沟，引水隧洞自景峰桥至大水沟厂址。 引水系统由发电进水口、引水隧洞、上游调压室、高压管道、尾水调压室、尾水隧洞及尾水出口等建筑物组成。进水口采用开敞式联合进水布置，底板高程为 1618m。引水系统采用一洞两机布置，共四条引水隧洞。引水隧洞平均长度 16.6km，开挖直径 12m，衬砌后直径 11m，隧洞最大埋深达 2525m。上游调压室采用阻抗＋溢流式布置，大井直径 24m，井高 150.3m。引水隧洞在大井底部分岔为两条高压管道，采用竖井式布置，竖井高 259.2m，内径 7m，下平洞段采用钢板衬砌，内径 6m，在上平洞段高压管道进口设高压闸阀。尾水调压室采用了阻抗长廊式，尾水事故闸门设在尾水调压室内，尾水隧洞直径 11m，出口底板高程为 1310.5m。 总布置有 7 条隧洞，是世界上已建总体规模最大、综合难度最大的隧洞群，隧洞群包括 4 条单洞长度 16.67km 的引水隧洞、与之平行的长为 17.5km 的 2 条辅助洞和 1 条排水洞，总长约 120km，其中 1 号、3 号引水隧洞和排水洞采用 TBM 施工，其余采用钻爆法施工。2 条辅助洞中心距 35m，断面尺寸 5.5m×5.7m（宽×高）和 6m×6.3m（宽×高）城门洞型，单车道洞，纵断面呈"人"字坡，每隔 500～800m 设有一条横通道连接，最大埋深 2313m，属于上游锦屏一级电站对外公路。引水隧洞与辅助洞之间设置排水洞，开挖洞径 7.2m，全长 16.73km，主要承担施工期其他隧洞涌水。 锦屏二级水电站引水隧洞轴线和锦屏山脊线近乎正交，沿线山体陡峻雄厚，其埋深基本在 1500m 以上，最大达到 2525m，受地形限制无法布置施工平硐、斜井和竖井。另外，锦屏隧洞沿线水文地质条件复杂，存在超过 10MPa 的高外水压力和长期稳定水源补给以及超过 100MPa 地应力等问题。 复合承载结构：防渗灌浆圈、高压固结灌浆圈、喷层、衬砌、减压孔、锚杆。 深埋大断面水工隧洞，承担外水压力能力十分脆弱。为了保证隧洞的长期安全运行，在引水隧洞和辅助洞之间设置排水洞，长期排泄地下水，从整体上消减引水隧洞沿线的外水压力。针对雨季暴雨等极端条件下造成的外水压力短时间急剧上升问题，在引水隧洞全断面进行固结灌浆防渗处理、形成防渗圈，并通过在衬砌结构上设置系统减压孔、快速均衡排泄外水、使得衬砌外缘的外水压力始终控制在设计允许范围内，确保衬砌结构不致因外水压力过大而垮塌失稳破坏，从而保证结构的整体稳定	已建

第 2 章

溢 洪 道 水 力 学 计 算

岸边式溢洪道简称溢洪道，一般包括进水渠、控制段、泄槽、消能防冲设施及出水建筑物。

溢洪道的水力计算主要包括泄流能力计算、泄槽水面线计算、高速水流的抗空蚀计算、消能防冲计算（挑流的挑距、冲坑深，底流的消力池长度、深度）、泄洪雾化的计算等。

溢洪道水力设计的一般原则：①进水渠要求水流平稳、水面横向比降小、流速不宜大于4m/s；②控制段满足各设计工况泄流的要求，泄流时堰面不得出现过大的局部负压；具体要求是：宣泄常遇洪水闸门全开时不宜出现负压，宣泄校核洪水闸门全开时堰面负压值不大于0.06MPa，正常蓄水位或常遇洪水位闸门局部打开时（运行中经常出现的开度），允许有不大的负压值；③泄槽平面上宜采用直线型式，若采用收缩或扩散应进行冲击波验算；泄槽底坡变化处宜采用曲线连接，底坡缓变陡采用抛物线连接、陡变缓采用反圆弧连接；流速大于30m/s宜设置掺气设施，还应计算掺气后的水面线；④消能防冲应根据工程的实际情况选择合适的消能工（挑流、底流或戽流），并应对各级设计流量进行计算，这里要特别强调复核计算低于消能防冲设计洪水标准的常遇洪水（一般为5年一遇或2年一遇洪水）、施工期洪水以及起挑流量；⑤对于大型水利水电工程应进行泄洪雾化计算，重视对雾化区的边坡稳定、道路等进行防护。

2.1 泄 流 能 力 计 算

堰、闸的泄流能力的计算，是确定溢流堰宽和闸孔尺寸的主要依据。当闸门或胸墙对水流不起控制作用时，这种水流状态称为堰流。当闸门或胸墙对水流起控制作用时，水流从闸门下缘泄出，这种水流状态称为闸孔出流。

堰流的流态与堰顶形状和堰顶厚度 δ 有关。当 $\delta/H < 0.67$ 时，属于薄壁堰流；当 $0.67 < \delta/H < 2.5$ 时，属于实用堰流；当 $2.5 < \delta/H < 10$ 时，属于宽顶堰流；当 $\delta/H > 10$ 时，属于明渠流，不属于堰流。其中 δ 为堰顶厚度，H 为堰前水头，它是距上游堰壁 $(3\sim4)H$ 处从堰顶起算的水深，不包括行近流速水头。

堰流和孔流的界限划分，宽顶堰底坎 $e/H \leqslant 0.65$ 为孔流、$e/H > 0.65$ 为堰流，实用堰底坎 $e/H \leqslant 0.75$ 为孔流、$e/H > 0.75$ 为堰流。其中 e 为闸门开启高度。

2.1.1　开敞式幂曲线实用堰泄流能力

2.1.1.1　开敞式幂曲线实用堰泄流计算

开敞式幂曲线实用堰见图 2.1-1。

开敞式幂曲线实用堰泄流能力的计算
见式（2.1-1）。

$$Q = Cm\varepsilon\sigma_m B\sqrt{2g}\,H_0^{3/2} \quad (2.1-1)$$

其中
$$B = nb$$

$$H_0 = H + v_0^2/(2g)$$

式中　Q——流量，m^3/s；

　　　B——溢流堰总净宽，m，定义
　　　　　　$B = nb$；

　　　b——单孔宽度，m；

　　　n——闸孔数目；

　　　H_0——计入行近流速的堰上总水头，
　　　　　　m，对高堰 $H_0 = H$，对低堰
　　　　　　$H_0 = H + v_0^2/(2g)$；

　　　v_0——引渠行近流速，m/s；

　　　H——堰上水头，m，计算断面可
　　　　　　取在堰前 $3H_0 \sim 6H_0$ 处；

　　　g——重力加速度，m/s^2，取 $9.8m/s^2$；

　　　m——流量系数，可在表 2.1-1 中查出。

　　　C——上游面坡度修正系数，可在表 2.1-2 中查出；当上游堰面为铅直时，
　　　　　　$C = 1.0$；

　　　ε——收缩系数，根据闸墩墩头形状及位置、闸墩厚度、闸孔数目、堰上水头及相
　　　　　　对堰高等因素选定，设计时对高堰可取 $\varepsilon = 0.90 \sim 0.97$，对低堰可取 $\varepsilon = 0.80 \sim 0.90$；

　　　σ_m——淹没系数，依据泄流的淹没程度而定，不淹没时 $\sigma_m = 1$。

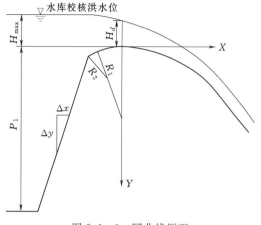

图 2.1-1　幂曲线堰面

P_1——上游堰高，m；H_d——定型设计水头，对于高堰
（$P_1 \geqslant 1.33H_d$），按堰顶最大水头 H_{max} 的 $75\% \sim$
95% 计算，对于低堰（$P_1 < 1.33H_d$），按堰顶
最大水头 H_{max} 的 $65\% \sim 85\%$ 计算

表 2.1-1　　　　　　　　　　　流　量　系　数　m　值

H_0/H_d	P_1/H_d				
	0.2	0.4	0.6	1.0	$\geqslant 1.33$
0.4	0.425	0.430	0.431	0.433	0.436
0.5	0.438	0.442	0.445	0.448	0.451
0.6	0.450	0.455	0.458	0.460	0.464
0.7	0.458	0.463	0.468	0.472	0.476
0.8	0.467	0.474	0.477	0.482	0.486
0.9	0.473	0.480	0.485	0.491	0.494

续表

H_0/H_d	P_1/H_d				
	0.2	0.4	0.6	1.0	≥1.33
1.0	0.479	0.486	0.491	0.496	0.501
1.1	0.482	0.491	0.496	0.502	0.507
1.2	0.485	0.495	0.499	0.506	0.510
1.3	0.496	0.500	0.500	0.508	0.513

表 2.1-2　　　　　　　　　　　上游面坡度影响修正系数 C 值

上游坝面坡度 $\Delta y : \Delta x$	P_1/H_d						
	0.2	0.4	0.6	0.8	1.0	1.2	1.3
3:1	1.009	1.007	1.004	1.002	1.000	0.998	0.997
3:2	1.015	1.011	1.006	1.002	0.999	0.996	0.993
3:3	1.021	1.015	1.007	1.002	0.998	0.993	0.988

2.1.1.2　计算程序框图及算例

1. 计算程序框图（见图 2.1-2）

2. 算例

某国外水电站工程，岸边式溢洪道，引渠底板高程为 190m，堰顶高程为 209m，PMF 库水位 233m，引渠流速 3m/s，4 孔，单孔宽度 15m，上游坡度 3:2，求 PMF 下泄流量。

解：

查得上游坡面影响修正系数 $C=1.005$，

$$P_1 = 209 - 190 = 19(\text{m})$$

$$H_{max} = 233 - 209 = 24(\text{m})$$

$$H_0 = 24 + \frac{3^2}{19.6} = 24.46(\text{m})$$

$$H_d = 20\text{m}$$

$$P_1/H_d = \frac{19}{20} = 0.95$$

$$H_0/H_d = \frac{24.46}{20} = 1.223$$

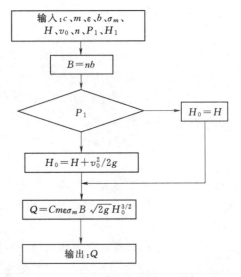

图 2.1-2　开敞式幂曲线实用堰泄流计算程序框图

查得 $m=0.5057$，$\varepsilon = 0.88$，$C=1.005$，$\sigma_m = 1.0$，$H_0 = 24.46\text{m}$。

计算 PMF 下泄流量 $Q = 14371\text{m}^3/\text{s}$。

2.1.2　宽顶堰泄流能力

2.1.2.1　宽顶堰闸门全开非淹没出流流量计算

闸门全开非淹没出流泄流能力计算见式（2.1-2）。

$$Q = \sigma m \varepsilon B \sqrt{2g} H_0^{3/2} \qquad (2.1-2)$$

其中
$$B = nb$$

式中　Q——流量，m^3/s；

$\quad\quad B$——溢流堰总净宽，m；

$\quad\quad b$——单孔宽度，m；

$\quad\quad H_0$——计入行近流速的堰上水头，m；

$\quad\quad m$——流量系数；

$\quad\quad \varepsilon$——闸墩侧收缩系数；

$\quad\quad \sigma$——淹没系数；

$\quad\quad n$——孔数；

$\quad\quad g$——重力加速度，m/s^2，取 $9.8\text{m}/\text{s}^2$。

1. 流量系数 m

m 计算见式（2.1-3）～式（2.1-6）。

（1）进口底坎边缘为方角见图 2.1-3。

当 $P_1/H_0 \leqslant 3$ 时：

$$m = 0.32 + 0.01 \frac{3 - P_1/H_0}{0.46 + 0.75 \times P_1/H_0} \qquad (2.1-3)$$

当 $P_1/H_0 > 3$ 时：

$$m = 0.32 \qquad (2.1-4)$$

（2）进口底坎边缘为圆角见图 2.1-4。

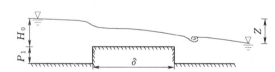

图 2.1-3　进口底坎边缘为方角的宽顶堰

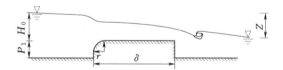

图 2.1-4　进口底坎边缘为圆角的宽顶堰

当 $P_1/H_0 \leqslant 3$ 时：

$$m = 0.36 + 0.01 \frac{3 - P_1/H_0}{1.2 + 1.5 \times P_1/H_0} \qquad (2.1-5)$$

当 $P_1/H_0 > 3$ 时：

$$m = 0.36 \qquad (2.1-6)$$

2. 闸墩侧收缩系数 ε

ε 计算见式（2.1-7）～式（2.1-10）。

（1）单孔宽顶堰（式中 B 为堰上游距堰 $3H_0 \sim 4H_0$ 处的宽度；b 为堰孔宽度；K 为闸墩形状影响系数，矩形取 0.19，圆弧取 0.10）。

$$\varepsilon = 1 - K \frac{1 - b/B}{\sqrt[3]{0.2 + P_1/H_0}} \sqrt[4]{b/B} \qquad (2.1-7)$$

（2）多孔宽顶堰（式中 n 为孔数，b 为各孔净宽，d 为中墩厚度，Δd 为边墩边缘至河岸距离，其余为单孔宽顶堰）。

$$\varepsilon = [\varepsilon_z(n-2) + 2\varepsilon_B]/n \qquad (2.1-8)$$

其中

$$\varepsilon_z = 1 - K\frac{1 - b/(b+d)}{\sqrt[3]{0.2 + P_1/H_0}}\sqrt[4]{b/(b+d)} \qquad (2.1-9)$$

$$\varepsilon_B = 1 - K\frac{1 - b/(b+\Delta d)}{\sqrt[3]{0.2 + P_1/H_0}}\sqrt[4]{b/(b+d)} \qquad (2.1-10)$$

按上述公式计算时，如果 $b/B < 0.2$ 时，取 $b/B = 0.2$；如果 $P_1/H_0 > 0.3$ 时，取 $P_1/H_0 = 0.3$。

2.1.2.2　计算程序框图及算例

计算程序中还包括以下参数：

P_1——上游堰高，m；

H——堰上水头，m；

v_0——堰前 $3H_0 \sim 6H_0$ 行近流速，m/s。

1. 计算程序框图（见图 2.1-5）

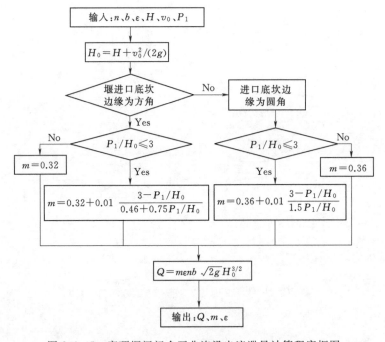

图 2.1-5　宽顶堰闸门全开非淹没出流泄量计算程序框图

2. 算例

某水利工程水库校核水位为 615m，溢洪道进水口控制堰为宽顶堰，堰长 20.5m，进口底板高程 605m，堰顶高程 610.2m，进口底坎边缘用半径 0.8m 圆弧修圆，2 孔，单孔宽度 11m，闸墩厚度 1.5m，$\varepsilon = 0.977$，计算控制堰泄流能力。

解：

$n = 2$，

$b = 11\text{m}$,

$\varepsilon = 0.977$,

$H = 615 - 610.2 = 4.8(\text{m})$,

$v_0 = 3\text{m/s}$,

$P_1 = 610.2 - 605 = 5.2(\text{m})$,

$H_0 = 4.8 + 3^2/19.6 = 5.26(\text{m})$,

$P_1/H_0 = 5.2/5.26 = 0.988$,

$m = 0.36 + 0.01 \times \dfrac{3 - 5.2/5.26}{1.5 \times 5.2/5.26} = 0.374$。

计算泄流量 $Q = 429.33\text{m}^3/\text{s}$。

2.1.3 驼峰堰泄流能力

驼峰堰见图 2.1-6。

驼峰堰是一种较好的低堰堰型,适宜于建在条件较差的基础上,比如软弱基础。堰的剖面一般由二至三段圆弧组成,圆弧之间有的还有直线段。这种堰型的流量系数比同等高度的克-奥型非真空实用堰的流量系数要大,一般为 0.40~0.46。驼峰堰堰型的整体稳定性和断面应力情况都较好。

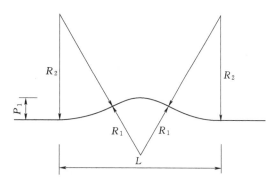

图 2.1-6 驼峰堰体型

2.1.3.1 驼峰堰泄流流量计算

当堰高 $P_1 < 3m$,泄流能力按式(2.1-2)计算(非淹没流、闸门全开),其流量系数 m 计算见式(2.1-11)~式(2.1-14)。

1. a 型

对于图 2.1-6 中的 a 型,$P_1 = 0.24H_d$、$R_1 = 2.5H_d$、$R_2 = 6H_d$、$L = 8H_d$,当 $P_1/H_0 \leqslant 0.24$ 时:

$$m = 0.385 + 0.171(P_1/H_0)^{-0.657} \tag{2.1-11}$$

当 $P_1/H_0 > 0.24$ 时:

$$m = 0.414(P_1/H_0)^{-0.0652} \tag{2.1-12}$$

2. b 型

对于图 2.1-6 中的 b 型,$P_1 = 0.34H_d$、$R_1 = 1.05H_d$、$R_2 = 6H_d$、$L = 6H_d$,当 $P_1/H_0 \leqslant 0.34$ 时:

$$m = 0.385 + 0.224(P_1/H_0)^{0.934} \tag{2.1-13}$$

当 $P_1/H_0 > 0.34$ 时:

$$m = 0.452(P_1/H_0)^{-0.032} \tag{2.1-14}$$

式中　H_0——计入行近流速的堰上水头。

2.1.3.2　计算程序框图及算例

同宽顶堰的泄流公式，但流量系数按驼峰堰取值，参数说明如下：

Q——流量，m^3/s；

n——闸孔数目；

b——单孔宽度，m；

ε——侧收缩系数；

P_1——上游堰高，m；

H——堰上水头，m；

g——重力加速度，m/s^2，取 $9.8m/s^2$；

H_0——计入行近流速的堰上水头，m；

m——流量系数。

1. 计算程序框图（见图 2.1－7）

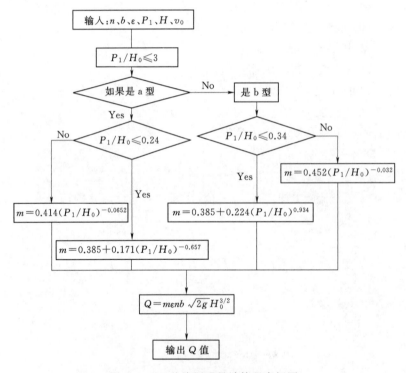

图 2.1－7　驼峰堰泄量计算程序框图

2. 算例

南方某水利工程，溢洪道为驼峰堰，堰型为 a 型，堰高 $P_1=2.5m$，$H=4.525m$，$v_0=3.5m/s$，$n=1$，$b=25m$，$\varepsilon=0.817$，计算流量。

解：

$P_1=2.5m$，

$H=4.525m$，

$v_0 = 3.5 \text{m/s}$,

$n = 1$,

$b = 25 \text{m}$,

$\varepsilon = 0.817$,

$H_0 = 4.525 + 3.5^2/19.6 = 5.15 \text{(m)}$,

$P_1/H_0 = 2.5/5.15 = 0.485$,

$m = 0.414 \times (2.5/5.15)^{-0.0652} = 0.414 \times 1.048 = 0.434$,

计算泄流量 $Q = 1 \times 25 \times 0.817 \times 0.434 \times (2 \times 9.8)^{1/2} \times 5.15^{1.5}$
$= 458.65 \text{(m}^3/\text{s)}$。

2.1.4 带胸墙孔口泄流能力（非淹没流、闸门全开）

2.1.4.1 带胸墙的实用堰

在满足泄洪要求下，为了减少堰高，可将堰顶高程降低，同时闸门高度不宜过大，可设置胸墙挡水，形成有胸墙的溢流堰，见图 2.1-8。

当堰顶以上最大水头 H_{max} 与孔口高 D 的比值 $H_{max}/D > 2$，或闸门全开仍属孔口泄流式，堰面曲线计算见式（2.1-15）。

$$y = \frac{x^2}{4\varphi^2 H_d} \qquad (2.1-15)$$

式中 H_d——定型设计水头，取 H_{max} 的 $56\% \sim 77\%$，m；

φ——孔口收缩断面上的流速系数，可采用 $\varphi = 0.96$，在孔前设有检修闸门槽时可采用 $\varphi = 0.95$。

坐标原点上游曲线应结合胸墙底缘选用椭圆曲线。

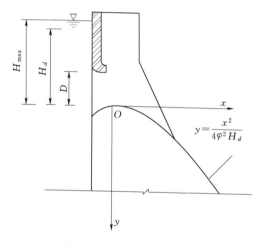

图 2.1-8 设有胸墙的堰面

1. 带胸墙的孔口泄流流量计算

带胸墙的孔口泄流能力计算见式（2.1-16）。

$$Q = \mu A_K \sqrt{2gH_0} \qquad (2.1-16)$$

其中

$$A_K = nbD = BD$$

式中 Q——流量，m^3/s；

A_K——孔口面积，m^2；

B——孔口总净宽，m；

b——单孔宽度，m；

n——孔数目；

D——孔口高度，m；

H_0——计入行近流速水头的堰上孔口中心处作用的总水头，淹没出流时为上下游水位差，m；

g——重力加速度，m/s^2，取 $9.8m/s^2$；

μ——孔口自由出流流量系数（当 $P_1/H_d > 0.6$，$H/D = 2 \sim 3$ 时，$\mu = 0.70 \sim 0.80$；当 $P_1/H_d > 0.6$，$H/D = 1.5 \sim 2.0$ 时，$\mu = 0.60 \sim 0.70$）。当闸门局开时，流量系数 μ：①平板闸门，$\mu = 0.745 - 0.274e/H$，应用范围 $0.1 < e/H < 0.75$；②弧形闸门，$\mu = 0.685 - 0.19e/H$，应用范围 $0.1 < e/H < 0.75$。

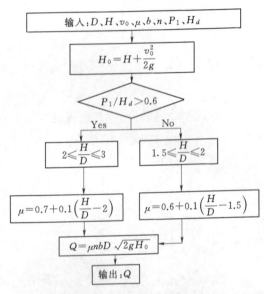

图 2.1-9　带胸墙的实用堰孔口泄量计算程序框图

2. 计算程序框图（见图 2.1-9）

计算程序还包括以下参数：

P_1——上游堰高，m；

H_{max}——水库校核洪水位时堰顶以上最大水头，m；

H_d——定型设计水头，取 H_{max} 的 $56\% \sim 77\%$，m；

v_0——堰前 $3H_0 \sim 6H_0$ 处断面的平均流速，m/s；

H——堰上水头，m。

3. 算例

国内刘家峡水电站工程，溢洪道为实用堰，平板闸门控制，3 孔闸，孔口高度 8.5m，单孔净宽 10m，堰前行近流速为 3m/s，校核洪水位 1738m，堰顶高程 1715m，上游堰高 15m，计算闸门全开时的泄流量。

解：

$n = 3$，

$b = 10m$，

$D = 8.5m$，

$H = 1738 - 1715 = 23(m)$，

$v_0 = 3m/s$，

$P_1 = 15m$，

$H_{max} = 1738 - 1715 = 23(m)$，

$H_d = (56\% \sim 77\%) \times 23$ 取 17.7，

$P_1/H_d = 15/17.7 = 0.847 > 0.6$，

$H/D = 23/8.5 = 2.706$，

所以 $\mu = 0.70 \sim 0.80$，取 0.771，

$H_0 = 23 + 3^2/19.6 = 23.459(m)$，

计算泄流量 $Q = 4216m^3/s$。

2.4.1.2 平底带胸墙孔口式闸

平底带胸墙孔口式闸见图 2.1-10。

1. 平底带胸墙孔口式闸泄流流量计算

平底带胸墙孔口式闸泄流能力计算见式（2.1-17）。

$$Q = \mu A_K \sqrt{2g(H_0 - D)} \quad (2.1-17)$$

其中
$$A_K = BD = nbD$$

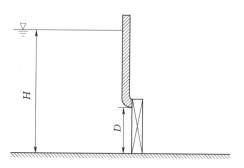

图 2.1-10　平底带胸墙孔口

式中　Q——流量，m^3/s；

$\quad b$——单孔宽度，m；

$\quad n$——孔口数目；

$\quad B$——孔口总净宽，m；

$\quad A_K$——孔口面积，m^2；

$\quad D$——孔口高度，m；

$\quad H_0$——自闸底板算起的堰上水头（计入行近流速水头），m；

$\quad g$——重力加速度，m/s^2，取 $9.8 m/s^2$；

$\quad \mu$——流量系数，圆滑孔口的流量系数在设计时可取 0.90。

2. 计算程序框图（见图 2.1-11）

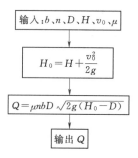

图 2.1-11　平底带胸墙孔口式闸泄流量计算程序框图

$D = 10m$，

$H = 20.65m$，

$v_0 = 1.6m/s$，

$\mu = 0.9$，

$H_0 = 20.65 + 1.6^2/19.6 = 20.781 (m)$，

计算泄流量 $Q = 1300 m^3/s$。

计算程序中还包括以下参数：

H——堰上水头，m；

v_0——堰前引渠处断面的平均流速，m/s；

3. 算例

某水利工程，进水闸孔口高度 10m，单孔净宽 10m，堰前行近流速为 1.6m，设计洪水下堰上水头 20.65m，孔口自由出流流量系数 0.9，计算下泄流量。

解：

$n = 1$，

$b = 10m$，

2.2　泄槽水力学计算

2.2.1　泄槽底坡

水流通过控制堰段后为急流，一般而言，为了保证不在泄槽段上产生水跃，故泄槽底坡大于临界底坡。溢洪道泄槽中水流属于明渠非均匀流，泄槽底坡 i 大于临界底坡 i_k，堰后泄槽中水面线属于 b_{II} 型降水曲线，可按分段求和法计算。起始断面水深可以计算出，根据泄槽上游段形式而确定。

临界底坡 i_k 计算见式（2.2-1）：

$$i_k = q^2/(h_k^2 C_k^2 R_k) \qquad (2.2-1)$$

临界水深 h_k 和谢才系数 C_k 计算见式（2.2-2）和式（2.2-3）：

$$h_k = \sqrt[3]{aq^2/g} \qquad (2.2-2)$$

$$C_k = \frac{R_k^{1/6}}{n} \qquad (2.2-3)$$

式中　q——泄槽的单宽流量，$m^3/(s \cdot m)$；

　　　　a——动能修正系数，可近似的取为 1.0；

　　　　g——重力加速度，m/s^2，取 $9.8 m/s^2$；

　　　　R_k——相应临界水深式的水力半径，m；

　　　　n——糙率，可按表 2.2-1 取值。

2.2.2　泄槽水面线的计算

2.2.2.1　分段求和法进行泄槽水面线计算

泄槽水面线应根据能量方程，用分段求和法计算，见式（2.2-4）和式（2.2-5），如下：

$$\Delta L_{1-2} = \left[\left(h_2 \cos\theta + a_2 \frac{v_2^2}{2g} \right) - \left(h_1 \cos\theta + a_1 \frac{v_1^2}{2g} \right) \right] / (i - J) \qquad (2.2-4)$$

$$J = n^2 v^2 / R^{4/3} \qquad (2.2-5)$$

式中　ΔL_{1-2}——分段长度，m；

　　　h_1、h_2——分段始、末断面水深，m；

　　　v_1、v_2——分段始、末断面流速，m/s；

　　　α_1、α_2——流速分布不均匀系数，取 1.05；

　　　　θ——泄槽底坡角度，(°)；

　　　　i——泄槽底坡，$i = \tan\theta$；

　　　　J——分段内摩阻坡降；

　　　　n——泄槽槽身糙率，查表 2.2-1；

　　　　v——分段平均流速，$v = (v_1 + v_2)/2$，m/s；

　　　　R——分段平均水力半径，$R = (R_1 + R_2)/2$，m。

起始计算断面位置及其水深 h_1 应按泄槽上游段型式分别选取如下：

（1）泄槽上游接宽顶堰、缓坡明渠或过渡段时，起始断面定在泄槽首部，水深 h_1 取用泄槽首端断面计算的临界水深 h_k。

（2）泄槽上游接实用堰、陡坡明渠时，起始计算断面分别定在堰下收缩断面或泄槽首端以下 $3h_k$ 处，起始计算断面水深 h_1 见式（2.2-6）。

表 2.2－1　　　　　　　　　　　　　水力计算中常用的糙率 n 值

水流边壁类型及其表面特征	糙率 n 值
1. 混凝土衬砌	
（1）壁面顺直，有抹光的水泥浆面层或经磨光表面光滑者	0.011～0.012
（2）壁面顺直，采用钢模且拼接良好者	0.012～0.013
（3）壁面顺直，采用木模拼接缝间凸凹度为 3～5mm 者	0.013～0.014
（4）壁面不够顺直，木模拼接不良，缝间凸凹度为 5～20mm 者	0.014～0.016
（5）粗糙的混凝土	0.017
2. 喷混凝土	
（1）岩石表面平整	0.020～0.025
（2）岩石表面高低不平	0.030
3. 喷浆护面	0.016～0.025
4. 水泥浆砌块石护面	
（1）渠底、壁面较顺直，砌石面较平整，拼接良好，1m² 内不平整度为 30～50mm 者	0.015～0.020
（2）平整度较差	0.020～0.030
5. 干砌块石或乱石护坡	
（1）渠底、壁面欠顺直，干砌石拼接一般	0.021～0.023
（2）干砌块石平整度较差或乱石护坡	0.023～0.035
6. 岩石	
（1）经过良好修整的	0.025
（2）经过中等修整的	0.030～0.033
（3）未经修整，凸凹甚大者	0.035～0.045

$$h_1 = \frac{q}{\varphi\sqrt{2g(H_0 - h_1\cos\theta)}} \qquad (2.2-6)$$

式中　q——起始计算断面单宽流量，$\text{m}^3/(\text{s}\cdot\text{m})$；

　　　H_0——起始计算断面渠底以上总水头，m；

　　　θ——泄槽底板与水平面夹角，(°)；

　　　φ——考虑从进口到计算起始计算断面间和局部阻力损失的流速系数，初步估算取 0.95 左右。

2.2.2.2　计算程序框图及算例

计算程序参数见式（2.2－4）～式（2.2－6），还包括以下参数：

　　Q_c——单个泄槽流量，m^3/s；

　　n_z——糙率；

　　b_c——单个泄槽宽，m；

　　g——重力加速度，m/s^2，取 $9.8\text{m}/\text{s}^2$；

　　L——泄槽长，m；

　　ζ——掺气水深系数，取 1～1.4s/m；

　　N——计算断面个数。

1. 计算程序框图（见图 2.2-1）

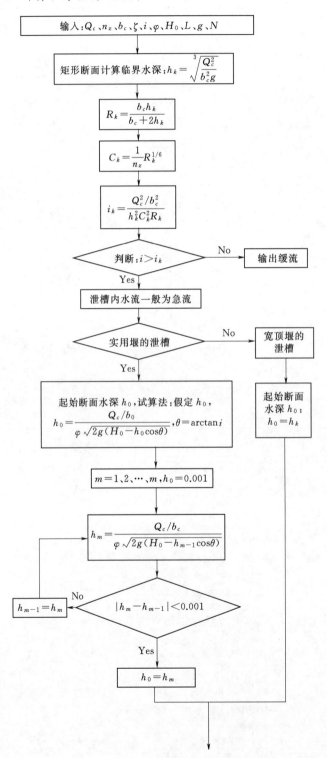

图 2.2-1（一） 泄槽水面线计算程序框图

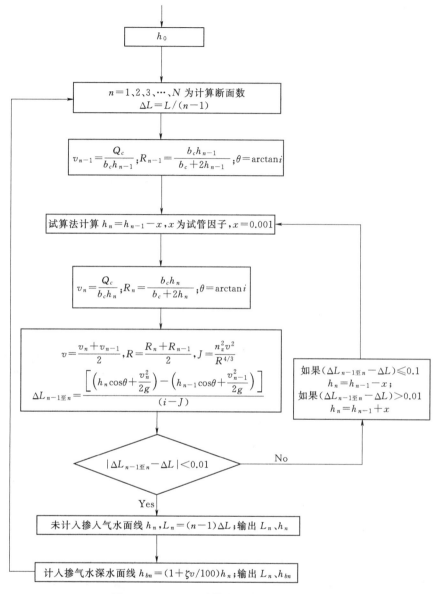

图 2.2-1（二）　泄槽水面线计算程序框图

2. 算例

马来西亚某水电站工程，溢洪道为实用堰，弧形闸门控制，4 孔闸，单孔净宽 15m，引渠底板高程 202m，堰前行近流速为 2.6m，PMF 洪水下，水库水位 233m，堰顶高程 209m，下泄流量 14600m³/s，泄槽起始底板高程 198.80m，2 个泄槽，单个泄槽宽度 25m，泄槽长度 615.34m，底坡为 0.1，计算 PMF 洪水下泄槽的净水深、掺气水深。

解：

$Q_c = 14600/2 = 7300(\text{m}^3/\text{s})$，

$n = 0.014$（混凝土面），

$b_c = 25\text{m}$，

$i = 0.1$，

$\varphi = 0.95$，

$\zeta = 1.3$（在 1～1.4 之间取值，取 1.3），

$L = 615.34\text{m}$，

$g = 9.8\text{m/s}^2$，

$H_0 = 233 - 198.8 + 2.6^2/19.6 = 34.2 + 0.3449 = 34.5449\text{(m)}$；

所以：$H_k = \sqrt[3]{7300^2/(25^2 \times 9.8)} = 20.567\text{(m)}$，

$R_k = 25 \times 20.567/(25 + 2 \times 20.567) = 7.7747\text{(m)}$，

$C_k = 7.7747^{\frac{1}{6}}/0.014 = 100.5355$，

$i_k = (7300^2/25^2)/(20.567^2 \times 100.5355^2 \times 7.7747) = 0.00256 < 0.1$，为急流。

所以：计算泄槽水面线。

因为实用堰后接泄槽，所以要计算起始断面水深 h_1。

因为　$\theta = \arctan i = \arctan 0.1 = 5.7106$，

$$h_1 = \dfrac{\dfrac{7300}{25}}{0.95\sqrt{2 \times 9.8[34.5449 - h_1\cos(5.7106)]}}$$

假定：$h_1 = 0.2\text{m}$，上式右边算得 $= 11.85\text{m}$，比假定水深大，

$h_1 = 11.85\text{m}$，上式右边算得 $= 14.55\text{m}$；

$h_1 = 14.55\text{m}$，上式右边算得 $= 15.5\text{m}$；

$h_1 = 15.5\text{m}$，上式右边算得 $= 15.88\text{m}$；

$h_1 = 15.88\text{m}$，上式右边算得 $= 16.03\text{m}$；

$h_1 = 16.03\text{m}$，上式右边算得 $= 16.1\text{m}$；

$h_1 = 16.1\text{m}$，上式右边算得 $= 16.13\text{m}$；

$h_1 = 16.13\text{m}$，上式右边算得 $= 16.14\text{m}$；

$h_1 = 16.13 - 16.14 = -0.01\text{（m）} < 0.01$。

所以，试算 $h_1 = 16.14\text{m}$。

泄槽水面线计算程序框图见图 2.2-2。

泄槽水面线计算，考虑到泄槽水流一般为急流，属于降水水面线，从起始收缩断面开始计算起。一般情况下，分段求和法计算水面线，起始断面水深已经给出，第 2、第 3……等断面假定水深，计算断面之间距离。本程序按照给出的断面之间的距离，且各段之间等距离，即 $\Delta L = \dfrac{L}{N-1}$，$L$ 为泄槽全长，N 为需要计算的

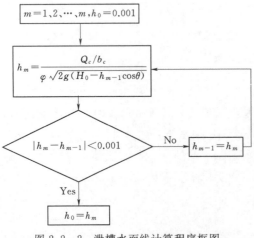

图 2.2-2　泄槽水面线计算程序框图

断面数，根据计算精度要求确定。

计算 5 个断面，$N=5$，$\Delta L=615.34/(5-1)=153.835(\text{m})$；

$N=1$，$h_1=16.14\text{m}$；

$N=2$，计算 h_2：

第 1 断面单位能量的计算：

$A_1=25\times16.14=403.5(\text{m}^2)$，

$R_1=403.5/(25+2\times16.14)=7.0443(\text{m})$，

$v_1=7300/(25\times16.14)=18.0917(\text{m/s})$，

$h_1\cos\theta+\alpha_1v_1^2/(2g)=16.14\times\cos5.7106+1.05\times18.0917^2/19.6$（$\alpha_1$ 取 1.05）

$\qquad\qquad\qquad=16.06+17.5344$

$\qquad\qquad\qquad=33.5944$。

第 2 断面单位能量的计算：

分段求和法公式属于超越方程，h_2 试算求得。因为泄槽为降水曲线，断面 2 比断面 1 水深小，

先假定水深 $h_2=h_1-0.50=16.14-0.5=15.64(\text{m})$，

$A_2=25\times15.64=391(\text{m}^2)$，

$R_2=391/(25+2\times15.64)=6.9474(\text{m})$，

$v_1=7300/(25\times15.64)=18.67(\text{m/s})$，

$h_2\cos\theta+\alpha_2v_2^2/2g=15.64\times\cos5.7106+1.05\times18.67^2/19.6$

$\qquad\qquad\qquad=15.562+18.6733=34.2353$；

两断面平均水力坡降计算：

$C_1=\dfrac{1}{n_{z1}}R_1^{\frac{1}{6}}=\dfrac{1}{0.014}\times7.0443^{\frac{1}{6}}=98.8959$，

$C_2=\dfrac{1}{n_{z1}}R_2^{\frac{1}{6}}=\dfrac{1}{0.014}\times6.9474^{\frac{1}{6}}=98.6679$，

$\overline{C}=(98.8959+98.6679)/2=98.7819$，

$\overline{v}=(18.0917+18.67)/2=18.381(\text{m/s})$，

$\overline{R}=(7.0443+6.9474)/2=6.996(\text{m})$，

$\overline{J}_{1-2}=\dfrac{\overline{v}^2}{\overline{C}^2\overline{R}}=18.381^2/(98.7819^2\times6.996)=0.004949$；

已知，两断面之间距离为 $\Delta L=153.835\text{m}$。

试算 $h_2=15.64\text{m}$ 时，

$\Delta L=\dfrac{34.2353-33.5944}{0.1-0.004949}=6.7427(\text{m})<\Delta L=153.835\text{m}$，

说明假定水深偏大；

重新假定 $h_2=11\text{m}$ 时，

$\Delta L=\dfrac{48.6938-33.5944}{0.1-0.008145}=164.383\text{m}>\Delta L=153.835\text{m}$，

说明假定水深偏小，需增大；

假定 $h_2＝11.2\text{m}$ 时，

$$\Delta L＝\frac{47.5579－33.5944}{0.1－0.00792}＝151.653(\text{m})＜\Delta L＝153.835\text{m}，$$

说明假定水深偏大，需减小；

假定 $h_2＝11.19\text{m}$ 时，

$$\Delta L＝\frac{47.6131－33.5944}{0.1－0.007937}＝152.273(\text{m})＜\Delta L＝153.835\text{m}，$$

说明假定水深偏大，需减小；

假定 $h_2＝11.17\text{m}$ 时，

$$\Delta L＝\frac{47.6131－33.5944}{0.1－0.007958}＝153.513(\text{m})＜\Delta L＝153.835\text{m}，$$

说明假定水深偏大，需减小；

假定 $h_2＝11.165\text{m}$ 时，

$$\Delta L＝\frac{47.751794－33.5944}{0.1－0.0079637}＝153.824－153.835＝0.010(\text{m})，$$

满足精度要求，所以，$h_2＝11.165\text{m}$。

$N＝3$，计算 h_3，用试算法，同理 $h_3＝9.436\text{m}$；

$N＝4$，计算 h_4，用试算法，同理 $h_4＝8.443\text{m}$；

$N＝5$，计算 h_5，用试算法，同理 $h_5＝7.781\text{m}$。

输出：

$N＝1$，$h_1＝16.14\text{m}$；

$N＝2$，$h_2＝11.165\text{m}$；

$N＝3$，$h_3＝9.436$；

$N＝4$，$h_4＝8.443$；

$N＝5$，$h_5＝7.781$。

2.2.3 泄槽水流掺气水深

水流掺气水深计算见式（2.2-7）：

$$h_b＝(1＋\zeta v/100)h \tag{2.2-7}$$

式中 h、h_b——泄槽计算断面的水深及掺气后的水深，m；

v——不掺气情况下泄槽计算断面的流速，m/s；

ζ——修正系数，可取 $1.0～1.4\text{s/m}$，流速大者取大值。

2.3 挑 流 消 能

在泄水建筑物出流处设置挑坎，将泄出的水流急流挑向空中，形成掺气射流落入下游水垫的消能方式。

2.3.1　挑流水舌外缘挑距

等宽挑坎水舌挑距见图 2.3 - 1。

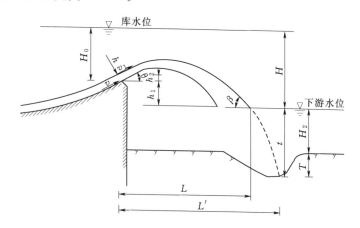

图 2.3 - 1　等宽挑坎水舌挑距示意图

H—上、下游水位差，m；H_2—下游水深，m；β—水舌外缘与下游水面夹角，(°)；
T—冲坑深度，由河床底面至坑底，m；h—鼻坎法向平均水深，近似取泄槽末端水深，m

2.3.1.1　挑流消能挑距计算

挑距计算见式（2.3 - 1）～式（2.3 - 4）：

$$L = \frac{v_1^2}{g}\cos\theta\left[\sin\theta + \sqrt{\sin^2\theta + 2g(h_1+h_2)/v_1^2}\right] \tag{2.3 - 1}$$

其中
$$L_c = \frac{t}{\tan\beta} \tag{2.3 - 2}$$

$$\tan\beta = \sqrt{\tan^2\theta + \frac{2g(h_2 + h\cos\theta)}{v^2\cos^2\theta}} \tag{2.3 - 3}$$

$$L' = L + L_c \tag{2.3 - 4}$$

式中　L——自挑流鼻坎坎顶算起的挑流水舌外缘与下游水面交点的水平距离，m；

L_c——水面以下水舌长度的水平投影计算，m；

L'——冲坑最低点到挑坎坎顶的水平距离，m；

$\quad t$——自下游水面至坑底最大水垫深度，m，当 $t < H_2$ 时，t 采用 H_2，m；

β——水舌外缘与下游水面夹角，(°)；

θ——水流挑射角，可近似用鼻坎挑角代替，m；

g——重力加速度，m/s²，取 9.8m/s²；

h_1——挑流鼻坎坎顶铅直方向水深，$h_1 = h/\cos\theta$（h 为坎顶法向的平均水深），m；

h_2——鼻坎坎顶至下游水面高差，m，如计算冲刷坑最深点距鼻坎的距离，该值可
　　　采用坎顶距冲坑最深点高程差；

v_1——鼻坎坎顶水面流速，m/s，可按鼻坎处平均流速 v 的 1.1 倍计，用推算泄槽
　　　水面线的方法，单宽流量除以鼻坎处水深，可得鼻坎出断面平均流速。也可

按式 $v=\varphi\sqrt{2g(H_0-h_1)}$，流速系数 φ 估算时，按 $\varphi=1-h_f/(H_0-h_1)-h_j/(H_0-h_1)$，$h_f=0.014S^{0.767}(H_0-h_1)^{1.5}/q$，$h_j=0.05(H_0-h_1)$，$H_0$ 为坎顶水头，S 为泄槽的流程长度，q 为泄槽单宽流量，h_f、h_j 分别为泄槽的沿程损失和局部损失。

鼻坎末端的水深可近似利用泄槽末端断面水深，按推算泄槽段水面线方法求出；单宽流量除以该水深，可得鼻坎断面平均流速。

按照水力学计算理论，不计阻力及掺气的质点抛射方程仅适用于水舌在空气中的运动，因此水舌的轨迹只能计算到下游水面为止。水舌进入水垫后，由于水舌在水中和周围水体的强烈掺混和紊动扩散而消能，无明确的轨迹可言。至于冲坑最深点到挑坎末端距离 L' 的计算，目前还没有精确的计算方法，可按水舌外缘挑距计算公式直接计算到坑底。模型试验表明，冲坑最深点位置，一般均在水舌外缘挑距（至下游水面）的下游，故按此方法估算可行。

冲坑上游坡度和冲坑部位地质条件有关，与岩石产状、岩性和构造发育程度有关。据统计，冲坑上游坡度一般为 $1:3\sim1:6$。

2.3.1.2　计算程序框图及算例

计算程序还包括以下参数：

Q——下泄流量，m^3/s；

v_0——水库堰前行近流速，m/s；

H_0——鼻坎坎顶总水头，m；

$H_{库水位}$——水库水位，m；

$H_{鼻坎}$——鼻坎坎顶高程，m。

1. 计算程序框图（见图 2.3-2）

2. 算例

某国外水电站工程，溢洪道为实用堰，弧形闸门控制，4 孔闸，单孔净宽 15m，堰前行近流速为 2.6m，PMF 洪水下，水库水位 233m，下泄流量 14600m³/s，泄槽有 2m 厚的中墩，单槽宽 25m，鼻坎坎顶高程 98.466m，下游水位 56m，下游河床高程 37m，鼻坎挑角 15°，计算 PMF 洪水下挑距。

解：

$Q=14600m^3/s$，

$h=7.781m$，

$H_{库水位}=233m$，

$H_{鼻坎}=98.466m$，

$v_0=2.6m/s$；

$h_2=98.466-56=42.466(m)$，

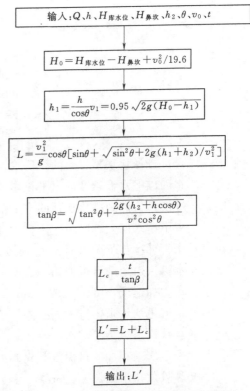

输入：Q、h、$H_{库水位}$、$H_{鼻坎}$、h_2、θ、v_0、t

$$H_0=H_{库水位}-H_{鼻坎}+v_0^2/19.6$$

$$h_1=\frac{h}{\cos\theta}\qquad v_1=0.95\sqrt{2g(H_0-h_1)}$$

$$L=\frac{v_1^2}{g}\cos\theta\left[\sin\theta+\sqrt{\sin^2\theta+2g(h_1+h_2)/v_1^2}\right]$$

$$\tan\beta=\sqrt{\tan^2\theta+\frac{2g(h_2+h\cos\theta)}{v^2\cos^2\theta}}$$

$$L_c=\frac{t}{\tan\beta}$$

$$L'=L+L_c$$

输出：L'

图 2.3-2　挑流消能挑距计算程序框图

$\theta = 15°$,

下游水深为 $56 - 37 = 19(m)$,

$H_0 = H_{库水位} - H_{鼻坎} + v_0^2/2g = 233 - 98.466 + 2.6^2/19.6 = 134.879(m)$,

$h/\cos15° = 7.781/\cos15° = 8.055(m)$,

$v_1 = 0.95\sqrt{2g(H_0 - h_1)} = 0.95 \times [19.6 \times (134.879 - 8.055)]^{0.5} = 47.36(m/s)$,

$$L = \frac{v_1^2}{g}\cos\theta[\sin\theta + \sqrt{\sin^2\theta + 2g(h_1 + h_2)/v_1^2}]$$

$$= (47.36^2/9.8) \times \cos15° \times \{\sin15° + [\sin15°^2 + 19.6 \times (8.055 + 42.466)/47.36^2]^{0.5}\}$$

$$= 221.075 \times [0.2588 + (0.067 + 0.4415)]^{0.5}$$

$$= 215(m),$$

$$\tan\beta = \sqrt{\tan^2\theta + \frac{2g(h_2 + h\cos\theta)}{v^2\cos^2\theta}}$$

$$= [\tan^2 15° + 19.6 \times (42.466 + 7.781\cos15°)/(47.36^2\cos^2 15°)]^{0.5}$$

$$= (0.0718 + 0.468)^{0.5}$$

$$= 0.5399^{0.5}$$

$$= 0.735,$$

$\beta = 36.316°$,

$L_c = \dfrac{t}{\tan\beta} = 87.26/0.735 = 118.7(m)$,

$L' = 215 + 118.7 = 333.7(m)$。

2.3.2 冲刷坑最大水垫深度

2.3.2.1 冲坑水垫深度计算

水垫深度计算见式（2.3-5）：

$$t = Kq^{0.5}H^{0.25} \tag{2.3-5}$$

式中 t——自下游水面至坑底最大水垫深度，m，当 $t < H_2$ 时，t 采用 H_2；H_2 为下游水深，m；

　　　q——鼻坎末端断面单宽流量，$m^3/(s \cdot m)$；

　　　H——上、下游水面差，m；

　　　K——综合冲刷系数，见表 2.3-1。

2.3.2.2 计算程序框图及算例

计算程序还包括以下参数：

　　　Q——流量，m^3/s；

　　　b——鼻坎宽度，m；

　　　$H_上$——上游水面高程，m；

　　　$H_下$——下游水面高程，m；

　　　t'——下游水深，m。

表 2.3-1   岩基冲刷系数 K 值

可冲类别		难冲	可冲	较易冲	易冲
节理裂隙	间距/cm	>150	50～150	20～50	<20
	发育程度	不发育，节理（裂隙）1～2 组，规则	较发育，节理（裂隙）2～3 组，X 形，较规则	发育，节理（裂隙）3 组以上，不规则，呈 X 形或"米"字形，不规则	很发育，节理（裂隙）3 组以上，杂乱，岩体被切割成碎石状
	完整程度	巨块状	大块状	块石、碎石状	碎石状
岩基构造特征	结构类别	整体结构	砌体结构	镶嵌结构	碎裂结构
	裂隙性质	多为原生型或构造型，多密闭，延展不长	以构造型为主，多密闭，部分微张，少有充填，胶结好	以构造或风化型为主，大部分微张，部分张开，部分为黏土充填，胶结较差	以风化或构造型为主，裂隙微张或张开，部分为黏土充填，胶结很差
K	范围	0.6～0.9	0.9～1.2	1.2～1.6	1.6～2.0
	平均	0.8	1.1	1.4	1.8

1. 计算程序框图（见图 2.3-3）

2. 算例

某国外水电站工程，溢洪道为实用堰，泄槽净宽 50m，PMF 洪水下，水库水位 233m，下泄流量 14600m³/s，鼻坎坎顶高程 98.466m，下游水位 56m，下游河床高程 37m，下游河床为砂岩和砂岩页岩互层，砂岩块度 0.3m×0.5m×0.8m，砂岩页岩互层块度 0.1m×0.3m×0.4m，抗冲流速 4m/s 左右，求冲坑深度。

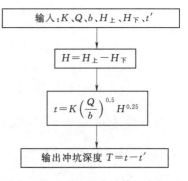

图 2.3-3 水垫深度计算程序框图

解：

$K = 1.4$，

$Q = 14600\text{m}^3/\text{s}$，

$b = 50\text{m}$，

$H_\perp = 233\text{m}$，

$H_\top = 56\text{m}$，

下游水深 $t' = 19\text{m}$，

$H = H_\perp - H_\top = 233 - 56 = 177(\text{m})$，

$t = 1.4 \times (14600/50)^{0.5} \times 177^{0.25} = 1.4 \times 17.088 \times 3.6475 = 87.26(\text{m})$，

$T = t - 19 = 87.26 - 19 = 68.26(\text{m})$。

2.4 底流消能（等宽矩形断面）

底流消能是指利用水跃消杀从泄水建筑物贴底板泄出的急流的余能，将急流转变为缓流与下游水流相衔接的消能方式，也称水跃消能。

底流消能主要通过水流表面漩滚与底部主流的强烈紊动掺混过程消杀能量。相比挑流、面流消能，具有形态稳定、消能效果好、雾化小等特点。由于底部主流流速较高，通常需要对消力池下游一定长度范围内的河床进行衬护，防止发生破坏性冲刷。底流消能工程量也比较大。

底流消能一般用于100m级水头，近年来多个工程已用于150m级水头，比如梨园水电站（坝高155m）溢洪道泄槽末端、观音岩水电站混凝土重力坝（坝高159m）溢流坝等采用跌坎式消力池。200m级的萨扬·舒申斯克水电站重力拱坝（坝高245m）、印度特里斜心墙堆石坝（坝高260.5m）也采用底流消能，后期底板破坏修复采用跌坎式消力池。

2.4.1 水平光面护坦上的水跃

护坦上的水跃形态见图2.4-1。

2.4.1.1 水平光滑护坦上的水跃计算

水平光滑护坦上的水跃消能计算见式（2.4-1）～式（2.4-4）。

1. 自由水跃共轭水深 h_2 计算

$$h_2=\frac{h_1}{2}(\sqrt{1+8Fr_1^2}-1) \quad (2.4-1)$$

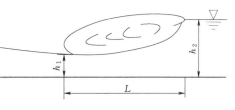

图2.4-1 平底消力池水跃示意图

其中

$$Fr_1=\frac{v_1}{\sqrt{gh_1}} \quad (2.4-2)$$

式中 Fr_1——收缩断面弗劳德数；

h_1——收缩断面水深，m；

v_1——收缩断面流速，m/s。

2. 适用 $Fr_1=4.5～15.5$ 的自由水跃长度 L 计算

$$L=(5.9～6.15)h_2 \quad (2.4-3)$$

式中 h_2——跃后共轭水深，m。

3. 自由水跃长度 L 计算

$$\frac{L}{h_1}=9.4(Fr_1-1) \quad (2.4-4)$$

2.4.1.2 计算程序框图及算例

计算程序还包括以下参数：

E_0——以下游收缩断面处为基准面的泄水建筑物上游的总水头（计入上游水流行近流速 v_0），m；

E——以下游收缩断面处为基准面的泄水建筑物上游的水头（不计入上游水流行近流速 v_0），m；

Q——流量，m³/s；

b——消力池进口宽度，m；

g——重力加速度，m/s²，取9.8m/s²；

H_0——以消力池进口底板为基准面的泄水建筑物上游总水头，m；

φ——流速系数，0.85～0.95。

1. 计算程序框图（见图 2.4-2）

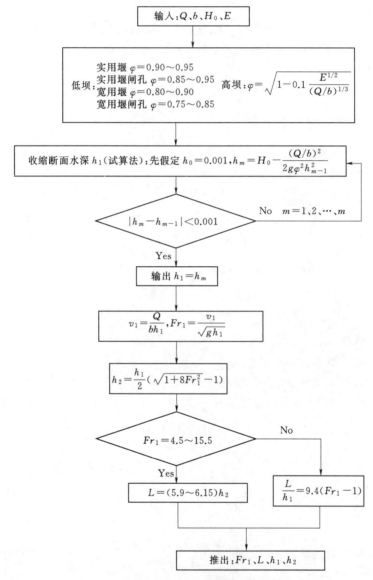

图 2.4-2　水平光滑护坦上的水跃消能计算程序框图

2. 算例

某泄水建筑物，水流沿泄槽扩散进入消力池，消力池进口宽 15m，底板高程 1778m，水库校核水位为 1860.4m，泄流量为 2253m³/s，下游水位 1793.87m，计算水跃长度。

解：

$Q = 2253\text{m}^3/\text{s}$，

$b = 15\text{m}$，

$H_0 = 1860.4 + v_0^2/2g - 1778 = 82.4 + 4^2/19.6 = 83.216(\text{m})$；

按宽顶堰考虑，宽顶堰 $\varphi = 0.80 \sim 0.90$，取 0.8；

试算法计算收缩断面水深 h_1：

假定 $h_0 = 6\text{m}$，

$h_1 = 83.216 - (2253/15)^2/(19.6 \times 0.8^2 \times 6^2) = 83.216 - 49.958 = 33.258(\text{m})$；

假定 $h_0 = 5\text{m}$，

$h_1 = 83.216 - (2253/15)^2/(19.6 \times 0.8^2 \times 5^2) = 83.216 - 71.9 = 11.316(\text{m})$；

假定 $h_0 = 4.5\text{m}$，

$h_1 = 83.216 - (2253/15)^2/(19.6 \times 0.8^2 \times 4.5^2) = 83.216 - 88.813 = -5.597(\text{m})$；

假定 $h_0 = 4.6\text{m}$，

$h_1 = 93.216 - (2253/15)^2/(19.6 \times 0.8^2 \times 4.6^2) = 83.216 - 84.994 = -1.778(\text{m})$；

假定 $h_0 = 4.65\text{m}$，

$h_1 = 83.216 - (2253/15)^2/(19.6 \times 0.8^2 \times 4.7^2) = 93.216 - 83.176 = 0.04(\text{m})$；

所以 $h_1 = 4.65\text{m}$。

$v_1 = 2253/(15 \times 4.65) = 32.3(\text{m/s})$，

$$Fr_1 = \frac{v_1}{\sqrt{gh_1}} = 32.3/(9.8 \times 4.65)^{0.5} = 4.785,$$

$$h_2 = \frac{h_1}{2}\left(\sqrt{1 + 8Fr_1^2} - 1\right) = (4.65/2) \times \left[(1 + 8 \times 4.785^2)^{0.5} - 1\right] = 2.325 \times 12.57$$

$$= 29.226(\text{m}),$$

$L = (5.9 \sim 6.15)h_2 = 5.9 \times 29.226 = 172.4(\text{m})$。

2.4.2 下挖式消力池的水跃

下挖式消力池水跃形态见图 2.4 - 3。

2.4.2.1 下挖式消力池水跃计算

下挖式消力池水跃消能计算见式（2.4 - 5）~式（2.4 - 7）。

1. 池深计算

$$S = \sigma h_2 - h_t - \Delta Z \qquad (2.4 - 5)$$

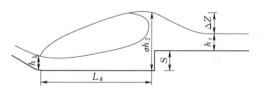

图 2.4 - 3 下挖式消力池水跃示意图

其中 $$\Delta Z = \left(\frac{Q^2}{2gb^2}\right)\left(\frac{1}{\varphi^2 h_t^2} - \frac{1}{\sigma^2 h_2^2}\right)$$

$$(2.4 - 6)$$

式中 S——池深，m；

$\quad$ σ——水跃淹没度，可取 $\sigma = 1.05 \sim 1.1$；

$\quad$ h_2——池中发生临界水跃时的跃后水深，m；

$\quad$ h_t——下游水深，m；

$\quad$ ΔZ——消力池尾部出口水面跌落，m；

Q——流量，m^3/s；

b——消力池宽度，m；

φ——水流自消力池出口段流速系数，可取 0.95。

2. 池长计算

$$L_k = 0.8L \tag{2.4-7}$$

式中 L——自由水跃的长度。

2.4.2.2 计算程序框图及算例

计算程序还包括以下参数：

H_0——以消力池进口底板为基准面的泄水建筑物上游总水头，m；

g——重力加速度，m/s^2，取 $9.8m/s^2$。

1. 计算程序框图（见图 2.4-4）

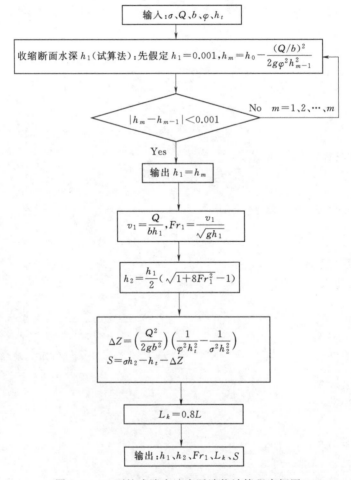

图 2.4-4 下挖式消力池水跃消能计算程序框图

2. 算例

某泄水建筑物，水流沿泄槽扩散进入消力池，消力池进口宽 15m，底板高程 1778m，水库校核水位为1860.4m，泄流量为2253m³/s，下游水位1793.87m，计算消力池长度和池深。

解：

$$h_1=4.65\text{m},$$
$$v_1=2253/(15\times4.65)=32.3(\text{m/s}),$$
$$h_t=1793.87-1778=15.87(\text{m}),$$

$$Fr_1=\frac{v_1}{\sqrt{gh_1}}=32.3/(9.8\times4.65)^{0.5}=4.785,$$

$$h_2=\frac{h_1}{2}(\sqrt{1+8Fr_1^2}-1)=(4.65/2)\times[(1+8\times4.785^2)^{0.5}-1]=2.325\times12.57$$
$$=29.226(\text{m}),$$

$$\Delta Z=[2253^2/(19.6\times15^2)]\times[1/(0.8\times15.87)^2-1/(1.05\times29.226)^2]$$
$$=1151.022\times(0.006204-0.001062)=5.919(\text{m})$$

池深 $S=\sigma h_2-h_t-\Delta Z=1.05\times29.226-15.87-5.919=8.898(\text{m})$；

自由水跃 $h_1=5.9\times29.226=172.4(\text{m})$，

池长 $L_k=0.8L=0.8\times172.4=138(\text{m})$。

2.4.3　底流消能水力及结构设计需要重视的问题

底流消能优点是避免下游泄洪雨雾，缺点是底流消能结构由于高流速水流的强紊动性，随着时间推移，底板经常破坏。底流消能消力池破坏原因大致有：①高流速、含沙水流磨蚀；②底板混凝土分层浇筑，因浇筑上下层之间的弹性模量、收缩等性能的差异形成层间缝，分缝位置不当，使施工缝面形成冷缝，底板混凝土与基岩结合不好，高速水流进入薄弱的缝面后，由于脉动压力的作用，引起底板失稳破坏；③忽视水跃前段底板所承受反向动水上举力，造成基础锚固不足，泄洪时底板被大面积冲毁，锚筋被拉断；④底板在紊动水流的强烈作用下，"水流—结构"耦合振动导致结构疲劳破坏；⑤岸边溢洪道水跃常发生在泄槽陡坡上，脉动压力大，仅靠底板自重维持稳定效果变弱，对底板稳定不利；⑥底板基础存在断层或其他地质缺陷，处理措施不当，动水压力的长期作用，底板锚固力不足，导致底板破坏。

对于较高水头的底流消能宜采用跌坎式消能池，尽量减小入池的流速，改变入池流速的方向达到掺气漩滚消能目的。对底板上游侧与基础的锚固，应按水流长时间紊动作用于结构上，导致止水破坏引起倾覆力，可用预应力锚索（萨扬·舒申斯克水电站重力拱坝消力池破坏修复曾采用过）、预应力锚杆（安康水电站重力坝消力池破坏修复采用过）、锚筋桩或锚杆等锚固于基础上，抵消底板的倾覆力作用。对于抗冲耐磨层采用高强混凝土一次浇筑，尽量不分层浇筑。抗冲耐磨层混凝土强度不要太高（宜用C40及以下），与下层结构混凝土强度差相差小。结构设计尽量不要分结构缝，底板混凝土体积较大应采用温度控制裂缝。消力池运行前检查：不允许池内存留石渣、钢筋头等固体物，减少底板在高流速条件下的磨蚀破坏，底板应严格控制不平整度。

2.5 水 流 空 化 数

2.5.1 水流空化数的计算

水流空化数计算见式（2.5-1）：

$$\sigma = [h_0 + h_a - h_v] / \left(\frac{v^2}{2g}\right) \tag{2.5-1}$$

式中 σ——空化数，无量纲；

h_0——计算断面处的动水压力水头，水柱高，m；

h_a——计算断面处的大气压力水头，水柱高，m；对于不同高程按（$1.33 - \nabla/900$）估算，即相对于海平面，每增加高度 900m，较标准大气压力水头降低 1m，∇ 为海平面以上的计算断面高程；

h_v——水的汽化压力水头，水柱高，m，对于不同的水温可参见表 2.5-1。

v——计算断面的平均流速，m；

g——重力加速度，m/s^2，取 $9.8m/s^2$。

表 2.5-1   水的汽化压力水头与水温的关系

水温/℃	0	5	10	15	20	25	30	40
水柱高 h_v/m	0.06	0.09	0.13	0.17	0.24	0.32	0.43	0.75

2.5.2 计算程序框图及算例

2.5.2.1 计算程序框图（见图 2.5-1）

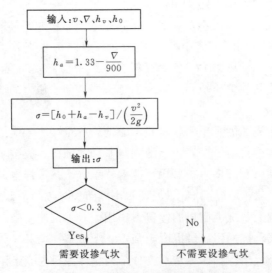

图 2.5-1 水流空化数计算程序框图

2.5.2.2 算例

某国外水电站工程，溢洪道为实用堰，泄槽净宽 50m，PMF 洪水下，水库水位 233m，下泄流量 14600m³/s，鼻坎坎顶高程 98.466m，下游水位 56m，下游河床高程 37m，下游河床为砂岩和砂岩页岩互层，砂岩块度 0.3m×0.5m×0.8m，砂岩页岩互层块度 0.1m×0.3m×0.4m，抗冲流速 4m/s 左右，水库水温为 15℃，计算 PMF 洪水下泄槽的空化数及掺气槽位置的设置。

解：

根据 2.2.2.2 节算例计算结果，得到起始断面，断面 2 及断面 3 高程、水深和流速参数。

起始断面：
$$\nabla = 198.8\text{m},$$
$$v_1 = 18.0917\text{m/s},$$

$H_0 = 16.14\text{m}$；查表 2.5 - 1 得水温 15℃ 时，$h_v = 0.17\text{m}$，
$$h_a = 1.33 - 198.8/900 = 1.109(\text{m}),$$
$$\sigma = (16.14 + 1.109 - 0.17)/(18.0917^2/19.6) = 1.023 > 0.3,$$
不需要设置掺气槽。

断面 2：
$$H_2 = 11.165\text{m},$$
$$\nabla = 198.8 - \Delta L \times 0.1 = 198.8 - 153.835 \times 0.1 = 183.4165(\text{m}),$$
$$h_a = 1.33 - 183.4165/900 = 1.126(\text{m}),$$
$$v_1 = 7300/(25 \times 11.165) = 26.153(\text{m/s}),$$
$$\sigma = (11.165 + 1.126 - 0.17)/(26.153^2/19.6) = 0.347 > 0.3,$$
不需要设置掺气槽。

断面 3：
$$H_3 = 9.436\text{m},$$
$$\nabla = 183.4165 - \Delta L \times 0.1 = 183.4165 - 153.835 \times 0.1 = 168.033(\text{m}),$$
$$h_a = 1.33 - 168.033/900 = 1.143(\text{m}),$$
$$v_1 = 7300/(25 \times 9.436) = 30.945(\text{m/s}),$$
$$\sigma = (9.436 + 1.143 - 0.17)/(30.945^2/19.6) = 0.213 < 0.3,$$
需要设置掺气槽，即在第三段前设置。

第 3 章

侧槽溢洪道水力学计算

3.1　侧槽溢洪道水力学特性

　　侧槽溢洪道是水库一侧傍山开挖的泄水建筑物，主要由侧向溢流堰（简称侧堰）、侧槽和泄水道（简称泄槽）三部分组成，见图 3.1-1。

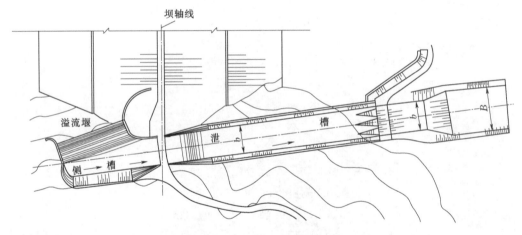

图 3.1-1　侧槽溢洪道示意图

　　侧槽溢洪道的溢流前缘可沿水库库岸边地形向上游延伸，受地形限制较少，从而可布置较长的溢流前缘，达到减少溢洪道堰上水头，增加水库防洪能力和兴利库容的可能性。

　　当水库泄洪时，水流从侧堰流向侧槽，在侧槽中水流约转向 90°的方向，然后沿侧槽下泄，再通过泄槽泄水。

　　侧槽中的水流是侧向流进纵向泄流。当水流从侧堰流入侧槽后，水流冲向侧槽并与槽中水流混掺，形成横向漩涡，然后在重力作用下，以螺旋流形式向下游流出，水流紊动十分剧烈，水流现象十分复杂。在横断面上，一般靠山一侧的水面高于靠侧堰一侧的水面。计算水面线时，则以水平线代替。从纵向看，水流沿程不断增加流量，水深沿程变化，因而沿程变量是非均匀流。槽中水流若为缓流，水面平稳，掺混较充分；当为急流状态时，槽中水流最大水深可高出平均水深 5%～20%。

　　侧槽有棱柱体和非棱柱体两种。试验表明，扩散式非棱柱体型，水流条件较为顺畅稳定，较能适应流量沿程增加的特点；棱柱体型侧槽则水流条件较差。

侧槽断面一般开挖成窄深式，有利于泄流和减少开挖量。两侧边坡不对称，靠侧堰一侧边坡系数 $m=0.5\sim0.9$，靠山一侧边坡系数 $m=0.3\sim0.5$。侧槽纵坡一般根据地形与泄流条件而定，约 $1\%\sim5\%$。

侧槽内水流属于恒定变量流，水流复杂，在建立基本方程时要引入如下假定：

（1）认为水流是单一流向。

（2）认为横断面流速分布均匀。

（3）认为侧堰溢流是均匀分布，单宽流量为定值。

（4）侧槽过水断面上动水压强按静水压强规律分布。

（5）用曼宁公式近似估算侧槽的摩阻损失。

3.2　侧槽溢流前缘的总长度

侧槽溢洪道纵、横剖面见图 3.2-1、图 3.2-2。

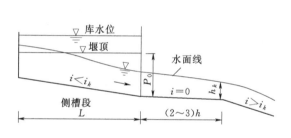

图 3.2-1　侧槽溢洪道纵剖面图

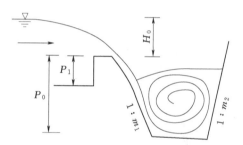

图 3.2-2　侧槽溢洪道横剖面图

3.2.1　侧槽溢流前缘的总长度计算

侧槽溢洪道溢流前缘的总长度计算见式（3.2-1）。

$$L=\frac{Q}{m\sqrt{2g}H_0^{3/2}} \tag{3.2-1}$$

式中　L——侧槽段溢流前缘总长度，m，侧槽溢洪道一般不设置闸门；

　　　Q——溢洪道最大泄流量，m^3/s；

　　　H_0——计入行近流速的堰上水头，m；

　　　g——重力加速度，m/s^2，取 $9.8m/s^2$；

　　　m——流量系数，根据堰型选用；可采用实用堰、宽顶堰和梯形堰等，实际工程以实用堰居多。

3.2.2　计算程序框图及算例

计算程序中还包括以下参数：

　　　ζ_k——侧槽溢流堰侧收缩系数，无闸实用堰，两边侧墙圆角到直角取 $0.7\sim1.0$；

H——堰上水头，m，取堰前 $3H_0 \sim 6H_0$ 处；

v_0——引渠的行近流速，m/s。

3.2.2.1　计算程序框图（见图 3.2 - 3）

3.2.2.2　算例

新疆某水库工程，侧槽溢洪道为实用堰无闸门堰流，堰高 4.0m，堰顶高程 1164m，引渠长约 19m，底板高程 1160.00m，底板宽度 65.0 ～ 70.0m，校核洪水位 1166.2m，下泄流量 423.62m³/s。计算侧槽溢洪道前缘长度。

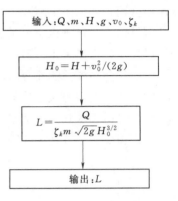

图 3.2 - 3　侧槽溢流前缘的总长度计算程序框图

解：

$$Q = 424 \mathrm{m^3/s},$$

$$H = 1166.2 - 1164 = 2.2 (\mathrm{m}),$$

$m = 0.5$（WES 实用堰），

堰前行近流速 $v_0 = 1.02 \mathrm{m/s}$，$\zeta_k = 0.88$，

$$H_0 = 2.2 + 1.02^2/19.6 = 2.253 (\mathrm{m}),$$

$$L = \frac{423.62}{0.88 \times 0.5 \sqrt{2g} H_0^{3/2}} = 423.62/(0.88 \times 0.5 \times 4.4272 \times 3.3818) = 64 (\mathrm{m}),$$

取 $L = 65 \mathrm{m}$。

3.3　侧　槽　水　面　线

3.3.1　侧槽水面线的计算

侧槽水面线计算控制断面一般选用侧槽末端临界水深处的断面，其水深 h_e 与泄槽首端断面临界水深 h_k 比值，与侧槽首、末端底宽比有关。当首、末底宽比值分别为 1、0.5 时，$h_e/h_k = 1.20 \sim 1.30$、$1.25 \sim 1.35$。

在槽中不发生水跃的缓流条件下，侧槽段水面线可从侧槽段末端断面水深开始计算，计算见式 （3.3 - 1） ～ 式 （3.3 - 3）。

$$\Delta z = \frac{\alpha Q_1 (v_1 + v_2)}{g(Q_1 + Q_2)} \left(\Delta v + \frac{v_2}{Q_1} \Delta Q \right) + \overline{J}_f \Delta x \qquad (3.3 - 1)$$

或

$$\Delta z = \frac{\alpha (v_1 + v_2)}{2g} \left[(v_2 - v_1) + \frac{Q_2 - Q_1}{Q_2 + Q_1} (v_1 + v_2) \right] + \overline{J}_f \Delta x \qquad (3.3 - 2)$$

$$Q_2 = Q_1 + \frac{Q}{L} \Delta x \qquad (3.3 - 3)$$

其中

$$\overline{J}_f = \frac{n^2 \overline{v}^2}{\overline{R}^{4/3}}$$

$$\overline{v} = \frac{1}{2}(v_1 + v_2)$$

式中 Q——溢洪道最大泄流流量，$\mathrm{m^3/s}$；

v_1、v_2、Q_1、Q_2——计算流段内上游断面 1 及下游断面 2 的平均流速和流量（假定 $Q_i = qx_i$，x_i 为溢流堰进入侧槽的单宽流量，设为常数，x_i 为计算断面距侧槽首端的距离）；

Δv、ΔQ、Δz——断面 2 与断面 1 之间的流速差、流量差和水面差；

Δx——断面 2 与断面 1 之间的沿程距离；

α——动能修正系数，近似取 1；

$\overline{J}_f$——计算流段内平均摩阻坡降；

n——糙率；

$\overline{v}$——计算流段内的平均流速，$\mathrm{m/s}$；

$\overline{R}$——计算流段内的水力半径平均值，m；

g——重力加速度，$\mathrm{m/s^2}$，取 $9.8\mathrm{m/s^2}$；

L——侧槽段溢流前缘总长度，m。

侧槽的水力设计内容如下：

（1）侧槽底坡 i 应小于槽末断面的水流临界坡，且底坡应取单一坡度，在宣泄设计流量时，侧槽内应为缓流。

（2）侧槽首端水深超过堰顶的高度 h_p 与堰顶水头 H_0 之比应小于 0.5，以保证非淹没出流。

（3）侧槽首、末断面之比可采用 0.5～1.0。

（4）侧槽内河槽末断面处不得产生水跃，为了改善水流条件，在侧槽和泄槽之间设长度为（2～3）h_k（h_k 为侧槽末端的临界水深）的水平段。

（5）当受条件限制，必须在侧槽后紧接着布置收缩段或弯曲段时，宜在泄槽前适当的位置设抬堰，用以控制或消除水流由于收缩或弯曲而造成的不利流态。

3.3.2 计算程序框图及算例

计算程序还包括以下参数：

H——堰上水头，m，取堰前 $3H_0$～$6H_0$ 处；

v_0——引渠的行近流速，$\mathrm{m/s}$；

ζ_k——侧槽溢流堰侧收缩系数，无闸实用堰，两边侧墙圆角到直角取 0.7～1.0；

n_z——侧槽糙率；

b_s——侧槽首端断面宽度，m；

b_m——侧槽末端断面宽度，m；

i——侧槽槽底坡；

n——1、2、…、N；

Q_c——泄槽的最大流量，$\mathrm{m^3/s}$；

b_c——泄槽的宽度，m；

b_n——第 n 个段面泄槽的宽度，m；

N——需要计算断面数。

3.3.2.1　计算程序框图（见图 3.3 - 1）

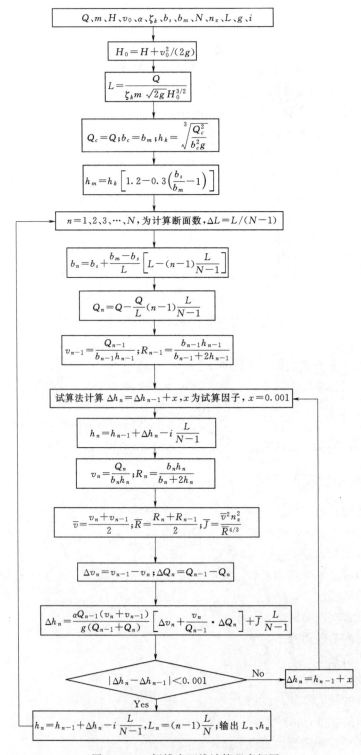

图 3.3 - 1　侧槽水面线计算程序框图

3.3.2.2　算例

新疆某水库工程，侧槽溢洪道为实用堰的无闸门堰流，堰高 4.0m，堰顶高程 1164m，引渠长约 19m，底板高程 1160m，底板宽度 65.0～70.0m，堰前行近流速为 1.02m，校核洪水位 1166.2m，下泄流量 423.62m³/s，溢 0－65.00 至溢 0＋00.00 为堰后汇水槽，侧槽首端底宽 7m，底高程为 1158m；末端底宽 17.0m，底高程为 1156.90m，汇水槽底坡 $i=0.02$；溢 0＋00.0 至溢 0＋15.00 为侧槽水流的调整段，槽宽 17.0m，底坡水平，调整段底部高程 1156.9m，泄槽陡坡由收缩段及等宽段组成，溢 0＋15.00 至溢 0＋115.00 为收缩段，底宽由 17m 缩至 12m；溢 0＋115.00 至溢 0＋191.50 段，底宽为 12m。泄槽底坡 $i=0.268$，槽底高程由 1156.9m 降至 1110.0m。泄水槽采用整体矩形断面，泄槽长 176.5m。计算侧槽溢洪道长度及侧槽内水面线。

解：

$Q=423.62\text{m}^3/\text{s}$，

$H=1166.2-1164=2.2(\text{m})$，

$m=0.5$（WES 实用堰），

堰前行近流速 $v_0=1.02\text{m/s}$，

$\zeta_k=0.85$，

$b_s=7\text{m}$，

$n_z=0.014$，

$b_m=17\text{m}$，

$i=(1158-1156.9)/64.3=0.0171$。

$H_0=2.2+1.02^2/19.6=2.253(\text{m})$；

$$L=\frac{423.62}{0.88\times0.5\sqrt{2g}H_0^{3/2}}=423.62/(0.88\times0.5\times4.4272\times3.3818)=64.3(\text{m})。$$

设计计算断面 5 个，$N=5$，$L=64.3\text{m}$，

计算 $h_k=\sqrt[3]{\dfrac{Q^2}{b_m^2 g}}=\sqrt[3]{\dfrac{423.62^2}{17^2\times9.8}}=3.987(\text{m})$，

$$h_m=h_k\left[1.2-0.3\left(\frac{b_s}{b_m}-1\right)\right]=3.987\times[1.2-0.3\times(7/17-1)]=5.488(\text{m})，$$

末端为 $n=1$ 断面，$h_1=h_m=5.488\text{m}$，$b_m=17\text{m}$，

$$v_1=423.62/(17\times5.488)=4.54(\text{m/s})，$$

$$R_1=17\times5.488/(17+2\times5.488)=3.335(\text{m})；$$

$n=2$ 断面，试算法计算 Δh_2；

假定 $\Delta h_2=0.45\text{m}$，

2 断面至 1 断面底部高差 $\Delta=i\dfrac{L}{5-1}=0.0171\times64.3/4=0.27488(\text{m})$；

$$h_2=5.488+0.45-0.27488=5.668(\text{m})；$$

$$b_2=7+\frac{17-7}{64.3}\left(64.3-1\times\frac{64.3}{5-1}\right)=14.5(\text{m})；$$

$$Q_2 = 423.62 - \frac{423.62}{64.3} \times (2-1) \times \frac{64.3}{5-1} = 317.715(\text{m}^3/\text{s}),$$

$$v_2 = 317.715/(14.5 \times 5.668) = 3.866(\text{m/s}),$$

$$R_2 = 14.5 \times 5.668/(14.5 + 2 \times 5.668) = 3.181(\text{m}),$$

$$\overline{v} = \frac{4.54 + 3.866}{2} = 4.203(\text{m/s}),$$

$$\overline{R} = \frac{3.335 + 3.181}{2} = 3.258(\text{m}),$$

$$\overline{J} = \frac{4.203^2 0.014^2}{3.258^{4/3}} = 0.000717,$$

$$\Delta h_2 = \frac{423.62 \times (4.54 + 3.866)}{9.8 \times (423.62 + 317.715)} \left[(4.54 - 3.866) + \frac{423.62 - 317.715}{423.62} \times 3.866 \right] + 0.000717 \times \frac{64.3}{5-1}$$

$$= 0.4902 \times (0.674 + 0.9665) + 0.0111882 = 0.815\text{m} > \text{左边假定 } 0.45\text{m};$$

假定 $\Delta h_2 = 0.815\text{m}$,

$$h_2 = 5.488 + 0.815 - 0.27488 = 6.028(\text{m}),$$

$$v_2 = 317.715/(14.5 \times 6.028) = 3.635(\text{m/s}),$$

$$R_2 = 14.5 \times 6.028/(14.5 + 2 \times 6.028) = 3.291(\text{m}),$$

$$\overline{v} = \frac{4.54 + 3.635}{2} = 4.088(\text{m/s}),$$

$$\overline{R} = \frac{3.335 + 3.291}{2} = 3.313(\text{m}),$$

$$\overline{J} = \frac{4.088^2 \times 0.014^2}{3.313^{4/3}} = 0.000663,$$

$$\Delta h_2 = \frac{423.62 \times (4.54 + 3.635)}{9.8 \times (423.62 + 317.715)} \left[(4.54 - 3.635) + \frac{423.62 - 317.715}{423.62} \times 3.635 \right] + 0.000663 \times \frac{64.3}{5-1}$$

$$= 0.4767 \times (0.905 + 0.90875) + 0.0107 = 0.875\text{m} > \text{左边假定 } 0.815\text{m},差值为 } 0.06\text{m};$$

假定 $\Delta h_2 = 0.855\text{m}$,

$$h_2 = 5.488 + 0.855 - 0.27488 = 6.068(\text{m}),$$

$$v_2 = 317.715/(14.5 \times 6.068) = 3.611(\text{m/s}),$$

$$R_2 = 14.5 \times 6.068/(14.5 + 2 \times 6.068) = 3.303(\text{m}),$$

$$\overline{v} = \frac{4.54 + 3.611}{2} = 4.0755(\text{m/s}),$$

$$\overline{R} = \frac{3.335 + 3.303}{2} = 3.319(\text{m}),$$

$$\overline{J} = \frac{4.0755^2 \times 0.014^2}{3.319^{4/3}} = 0.000658,$$

$$\Delta h_2 = \frac{423.62(4.54 + 3.611)}{9.8 \times (423.62 + 317.715)} \left[(4.54 - 3.611) + \frac{423.62 - 317.715}{423.62} \times 3.611 \right] + 0.000658 \times \frac{64.3}{5-1}$$

$$= 0.4753 \times (0.929 + 0.9028) + 0.0107 = 0.881(\text{m}) > \text{左边假定 } 0.855\text{m},差值为 } 0.03\text{m};$$

假定 $\Delta h_2 = 0.881\text{m}$,

$$h_2=5.488+0.881-0.27488=6.094(\text{m}),$$

$$v_2=317.715/(14.5\times6.094)=3.5955(\text{m/s}),$$

$$R_2=14.5\times6.094/(14.5+2\times6.094)=3.311(\text{m}),$$

$$\overline{v}=\frac{4.54+3.5955}{2}=4.0678(\text{m/s}),$$

$$\overline{R}=\frac{3.335+3.311}{2}=3.323(\text{m}),$$

$$\overline{J}=\frac{4.0678^2\times0.014^2}{3.323^{4/3}}=0.000654,$$

$$\Delta h_2=\frac{(4.54+3.5955)\times423.62}{9.8\times(423.62+317.715)}\times\left[(4.54-3.5955)+\frac{423.62-317.715}{423.62}\times3.5955\right]+0.000654\times\frac{64.3}{5-1}$$

$$=0.4744\times(0.9445+0.8989)+0.00978=0.885\text{m}>\text{左边假定}0.881\text{m，差值为}$$

0.004m，精度满足要求。

所以 $\Delta h_2=0.885\text{m}$，

2 断面水深 $h_2=5.488+0.885-0.27488=6.098(\text{m})$。

同理：$n=3$，试算 Δh_3：

假定 $\Delta h_3=0.697\text{m}$，

$$h_3=h_2+\Delta h_3-i\frac{L}{5-1}=6.098+0.697-0.27488=6.52(\text{m}),$$

$$b_3=7+\frac{17-7}{64.3}\left(64.3-2\times\frac{64.3}{5-1}\right)=12(\text{m}),$$

$$Q_3=423.62-\frac{423.62}{64.3}\times(3-1)\times\frac{64.3}{5-1}=211.81(\text{m}^3/\text{s}),$$

$$v_3=211.81/(12\times6.52)=2.707(\text{m/s}),$$

$$R_3=12\times6.52/(12+2\times6.52)=3.125(\text{m}),$$

$$\overline{v}=\frac{3.5955+2.707}{2}=3.151(\text{m/s}),$$

$$\overline{R}=\frac{3.311+3.125}{2}=3.218(\text{m}),$$

$$\overline{J}=\frac{3.151^2\times0.014^2}{3.125^{4/3}}=0.000426,$$

$$\Delta h_3=\frac{317.715\times(3.5955+2.707)}{9.8\times(317.715+211.81)}\times\left[(3.5955-2.707)+\frac{317.715-211.81}{317.715}\times2.707\right]+0.000426\times\frac{64.3}{5-1}$$

$$=0.3859\times(0.8885+0.9023)+0.00685$$

$$=0.6979\text{m}<\text{左边假定}0.697\text{m，相差}0.0009<0.001\text{，满足精度要求。}$$

$$h_3=6.098+0.698-0.27488=6.521\text{m}。$$

同理：$n=4$，试算 Δh_4，$h_4=h_3+\Delta h_4-i\dfrac{L}{5-1}$：

$$\Delta h_4=0.562\text{m}，$$

$$h_4 = 6.521 + 0.562 - 0.27488 = 6.808(\text{m}),$$

$$b_4 = 7 + \frac{17-7}{64.3} \times \left(64.3 - 3 \times \frac{64.3}{5-1}\right) = 9.5(\text{m}),$$

$$Q_4 = 423.62 - \frac{423.62}{64.3} \times (4-1) \times \frac{64.3}{5-1} = 105.905(\text{m}^3/\text{s}),$$

$$v_4 = 105.905/(9.5 \times 6.808) = 1.637(\text{m/s}),$$

$$R_4 = 9.5 \times 6.808/(9.5 + 2 \times 6.808) = 2.798(\text{m}),$$

$$\overline{v} = \frac{1.637 + 2.707}{2} = 2.172(\text{m/s}),$$

$$\overline{R} = \frac{2.798 + 3.125}{2} = 2.9615(\text{m}),$$

$$\overline{J} = \frac{2.172^2 \times 0.014^2}{2.9615^{4/3}} = 0.000217,$$

$$\Delta h_4 = \frac{211.81 \times (1.637 + 2.707)}{9.8 \times (105.905 + 211.81)} \times \left[(2.707 - 1.637) + \frac{211.81 - 105.905}{211.81} \times 1.637\right] + 0.000217 \times \frac{64.3}{5-1}$$

$$= 0.2955 \times (1.07 + 0.8185) + 0.000349$$

$$= 0.5615(\text{m}) < 左边假定 0.562\text{m}，相差 0.00045 < 0.001，满足精度要求。$$

$$h_4 = 6.521 + 0.5615 - 0.27488 = 6.808(\text{m})。$$

同理：$n=5$，试算 Δh_5，$h_5 = h_4 + \Delta h_5 - i\frac{L}{5-1}$：

$$\Delta h_5 = 0.275\text{m},$$

$$h_5 = 6.808 + 0.275 - 0.27488 = 6.808(\text{m}),$$

$$b_5 = 7 + \frac{17-7}{64.3} \times \left(64.3 - 4 \times \frac{64.3}{5-1}\right) = 7(\text{m}),$$

$$Q_5 = 423.62 - \frac{423.62}{64.3} \times (4-1) \times \frac{64.3}{5-1} = 0(\text{m}^3/\text{s}),$$

$$v_5 = 0/(12 \times 6.808) = 0(\text{m/s});$$

$$R_5 = 7 \times 6.808/(7 + 2 \times 6.808) = 2.312(\text{m}),$$

$$\overline{v} = \frac{1.637 + 0}{2} = 0.8185(\text{m/s}),$$

$$\overline{R} = \frac{2.798 + 2.312}{2} = 2.555(\text{m}),$$

$$\overline{J} = \frac{0.8185^2 \times 0.014^2}{2.555^{4/3}} = 0.000038;$$

$$\Delta h_5 = \frac{105.905 \times (1.637 + 0)}{9.8(105.905 + 0)} \times \left[(1.637 - 0) + \frac{105.905 - 0}{105.905} \times 0\right] + 0.000038 \times \frac{64.3}{5-1}$$

$$= 0.167 \times (1.6372 + 0) + 0.00061$$

$$= 0.274(\text{m}) < 左边假定 0.275\text{m}，相差 0.001 < 0.001，满足精度要求。$$

$$h_5 = 6.808 + 0.274 - 0.27488$$
$$= 6.807(\text{m})。$$

最后得到侧槽溢洪道的长度为 64.3m，所取 5 个断面的水深分别为 5.488m、6.098m、6.521m、6.808m、6.807m。

第 4 章

水工隧洞水力学计算

建于坝址两岸山体内地下开挖的，用于输水、发电、灌溉、泄洪、放空、导流、排沙等功能，具有封闭断面的过水通道，简称水工隧洞。

水工隧洞可分为有压隧洞和无压隧洞。有压隧洞内压力水头不小于 100m 的隧洞称高压隧洞，洞内流速大于 20m/s 的隧洞称高流速隧洞，隧洞建于山体下埋深达 100m 以上至 2000m 的无压或有压隧洞叫深埋隧洞。

4.1 计 算 原 则

4.1.1 水工隧洞水力学计算内容

应根据隧洞用途和不同设计阶段在下列项目中选择：

（1）过流能力。

（2）上下游水流衔接。

（3）水头损失。

（4）压坡线。

（5）水面线。

（6）掺气、充放水方式及其他水力现象。

4.1.2 水工隧洞的沿程损失和局部水头损失的计算

水工隧洞的沿程损失和局部水头损失的计算，应符合下列规定：

（1）沿程水头损失计算中的粗糙系数 n 值，应根据衬砌型式和施工方法及运行后可能的变化，参照已有工程综合分析选用。初步计算时可按表 2.2 - 1 查取。

（2）局部水头损失计算中的局部阻力系数，可参照水力学资料分析决定，必要时可通过模型试验确定。

（3）无压隧洞洞身的过流能力，可按明渠流情况计算。

4.1.3 水工隧洞的过流能力计算应符合的规定

（1）有压隧洞按管流计算。

（2）无压隧洞，对开敞式进水口按堰流情况计算，对深式进水口按管流计算。

4.1.4　无压隧洞的水面线的计算

应判别水面线的类型，在选定控制断面后，可按分段求和法或其他方法计算。

4.2　有压隧洞的水力学计算

4.2.1　泄流量计算

有压隧洞见图 4.2－1。

4.2.1.1　泄流量计算公式

泄流量计算见式（4.2－1）：

$$Q = \mu A \sqrt{2g(T_0 - h_p)} \quad (4.2-1)$$

其中　　　　　$A = ab$

　　　　　$h_p = 0.5a + p/\gamma$

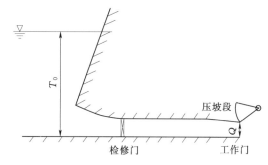

图 4.2－1　有压隧洞示意图

式中　Q——泄流量，m^3/s；

　　　μ——流量系数；

　　　T_0——上游水面与隧洞出口底板高程差及上游行近流速水头之和；

　　　h_p——隧洞出口断面水流的平均单位势能；

　　　a——出口断面洞高，m；

　　　b——出口断面宽度，m；

　　　A——出口断面面积，m^2；

　　　p——出口断面压强，t/m^2；

　　　g——重力加速度，m/s^2，取 $9.8m/s^2$；

　　　γ——水的重度，t/m^3。

　　　p/γ——出口断面平均单位压能，m。

当出口端逐渐收缩使得出口段负压得以消除时，$p/\gamma = 0.5a$，当出口为淹没出流时，$h_p = h_s$（h_s 为下游淹没水深）。当自由出流时，p/γ 的值取决于出口断面下游的边界衔接情况和出口断面的弗劳德数，一般常小于 $0.5a$。它反映了出口断面的压力分布不符合静水压力规律和出口段不存在负压的情况。当出口断逐渐收缩和改善出口断面与下游边界的衔接条件平顺连接时，从而使出口断面顶部负压得以消除，可取 $p/\gamma = 0.5a$。

当出口为淹没出流时，$h_p = h_s$。

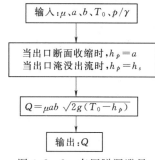

图 4.2－2　有压隧洞泄量
计算程序框图

4.2.1.2　计算程序框图（见图 4.2－2）

4.2.1.3　算例

国内某水电站，正常蓄水位 1856m，汛限水位 1854m，泄洪排沙底孔为有压洞，洞内径 9m。工作闸门孔口尺寸 8m×6.8m，底板高程 1793.5m，流量系数 $\mu=0.72$，求汛期水库的泄流量。

解：

$$\mu=0.72,$$
$$T_0=T=1854-1793.5=60.5(\text{m}),$$
$$a=6.8\text{m},$$
$$b=8\text{m},$$
$$h_p=a=6.8\text{m};$$

$$Q=\mu ab\sqrt{2g(T_0-h_p)}=0.72\times8\times6.8\times[19.6\times(60.5-6.8)]^{0.5}=1271(\text{m}^3/\text{s})。$$

4.2.2　压坡线计算

为了保证沿洞顶有一定的正压力（洞顶以上应有不小于 2m 水柱）以避免产生气蚀，并且为隧洞衬砌结构设计提供依据，必须绘制沿隧洞的压坡线。如果不满足洞顶对正压力的要求，出口段断面面积宜收缩为洞身的 85%～90%（由于洞内水流条件差，采用 80%～85%）。

第一步，逐项求出局部水头损失 $h_{局i}=\zeta_i\dfrac{v_i^2}{2g}$；

第二步，逐项求出沿程水头损失 $h_{沿i}=\dfrac{2gl_i}{C_i^2 R_i}\dfrac{v_i^2}{2g}$；

第三步，以出口断面底板高程为基准面，从进口断面水流的总水头 T_0 开始，有上游至下游逐项逐段将各损失水头累减，得到各断面上的总水头线；

第四步，从各断面上的总水头线减去相应断面的流速水头，得到压坡线。

4.3　有压短管后接无压隧洞水力学计算

进口为有压短管，洞身为无压流隧洞，见图 4.3-1。

4.3.1　泄流能力计算

泄流能力计算见式（4.3-1）和式（4.3-2）：

$$Q=\mu Be\sqrt{2g(H-\varepsilon e)} \qquad (4.3-1)$$

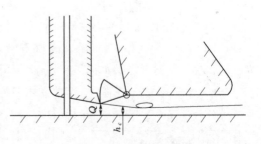

图 4.3-1　进口为有压短管及洞身为无压流隧洞示意图

其中

$$\mu=\varphi\varepsilon=\frac{\varepsilon}{\sqrt{1+\sum\xi_i(A_c/A_i)^2+\dfrac{2gl_a}{C_a^2 R_a}\left(\dfrac{A_c}{A_a}\right)^2}} \qquad (4.3-2)$$

$$A_c=\varepsilon Be$$

式中　　Q——流量，m^3/s；

H——由有压短管出口的闸孔底板高程算起的上游水深，m；

ε——有压短管出口的工作闸门垂直收缩系数，见表 4.3-1；

e——闸孔开启高度，m；

B——水流收缩断面处的底宽，m；

μ——流量系数；

φ——流速系数，一般取 0.97；

A_c——收缩断面面积，m²；

ξ_i——自进口上游渐变流断面至有压短管出流后的收缩断面之间的局部损失系数，
见表 4.3-1 和表 4.3-2；

A_i——与 ξ_i 相应的过水断面面积，m²；

l_a——有压短管长度；

R_a、C_a——有压短管平均过水断面相应的水力半径（m）和谢才系数。

表 4.3-1　　　　　　　　　有压管末端弧门局部开启时的 ε、ξ 值

闸门相对开度 a/h	0.1~0.7	0.8	0.9	a 为闸门高度 h 为末端断面洞高
收缩系数 $\varepsilon = h_c/a$	0.72	0.75	0.81	h_c 收缩断面水深
弧门局部损失系数 ξ	0.11	0.04	0.02	局部水头损失系数 $h = \xi v_c^2/2g$

表 4.3-2　　　　　　　　　有压管末端平板门局部开启时的 ε、ξ 值

闸门相对开度 a/h	0.1	0.2	0.3	0.4	0.5	0.6	0.7	0.8	0.9	a 为闸门高度 h 为末端断面洞高
收缩系数 $\varepsilon = h_c/a$	0.615	0.62	0.625	0.63	0.645	0.66	0.69	0.75	0.81	h_c 收缩断面水深
弧门局部损失系数 ξ	0.05							0.04	0.02	局部水头损失系数 $h = \xi v_c^2/(2g)$

4.3.2　典型有压短管的体型及水力学参数

典型有压短管示意见图 4.3-2。

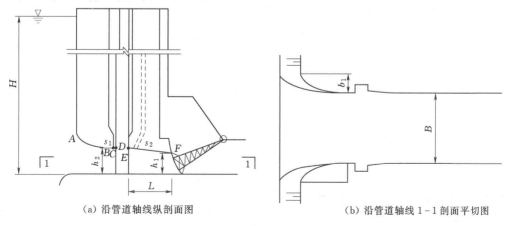

（a）沿管道轴线纵剖面图　　　　　　　　（b）沿管道轴线 1-1 剖面平切图

图 4.3-2　典型有压短管示意图

对于优化体型的典型有压短管体型，适用于高流速深孔泄洪洞，可以避免空蚀破坏。进口顶部为椭圆曲线 $\dfrac{x^2}{a_1^2}+\dfrac{y^2}{b_1^2}=1$，$a_1=h_2$，$b_1=\dfrac{a_1}{3}$。侧曲线采用 1/4 椭圆，短半轴 $b_2=(0.22\sim0.27)B$，长半轴 $a_2=3b_2$。h_2 检修门全开时孔口高度，h_1 弧门全开时孔口高度，检修门前顶部压板斜率 S_1 略小于弧门前顶部压板斜率 S_2，检修门门槽 C 点与 E 点同高程。

当 $H<30\mathrm{m}$ 时，孔高收缩比 $\dfrac{h_2}{h_1}$ 取 $1.10\sim1.15$；当 $70\mathrm{m}>H>30\mathrm{m}$ 时，孔高收缩比 $\dfrac{h_2}{h_1}$ 取 $1.20\sim1.25$。压板段长度 L 最短可取为 h_1。

弧门全开时的 ε、φ 值见表 4.3-3。

表 4.3-3　　　　　　　典型有压短管弧门全开时的 ε、φ 值

名　称	$H/h_1=3\sim12$，H 上游水深，h_1 弧门全开时孔口高度		
检修门前顶部压板斜率 S_1	1:4.5	1:5.5	1:6.5
弧门前顶部压板斜率 S_2	1:4	1:5	1:6
垂直收缩系数 ε	0.895	0.914	0.918
流速系数 φ	0.963	0.963	0.963
流量系数 μ	0.862	0.880	0.884

4.3.2.1　有压短管无压隧洞泄流量计算程序框图（见图 4.3-3）

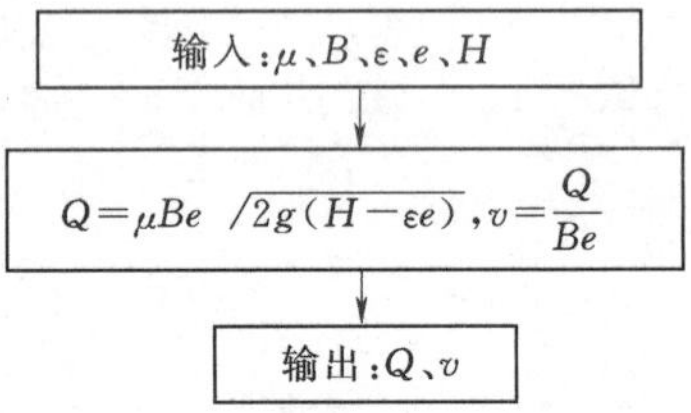

4.3.2.2　算例

国内某水电站，水库校核水位 1860.4m，正常蓄水位 1856m，汛限水位 1854m，中孔泄洪洞进水口为宜有压短管设计。有压短管出口底板高程 1804m，工作闸门尺寸 8m×11m，流量系数 $\mu=0.871$，垂直收缩系数 $\varepsilon=0.914$，求校核洪水时中孔泄洪洞的泄流量。

解：

$\mu=0.871$，

$B=8\mathrm{m}$，

$\varepsilon=0.914$，

$e=11\mathrm{m}$，

图 4.3-3　有压短管无压隧洞泄流量计算程序框图

$$H=1860.4-1804=56.4(\mathrm{m}),$$

$$Q=\mu Be\sqrt{2g(H-\varepsilon e)}=0.871\times8\times11\times[19.6\times(56.4-0.914\times11)]^{0.5}=2310(\mathrm{m^3/s}),$$

$$v=\frac{Q}{Be}=2310/(8\times11)=26.25(\mathrm{m/s})。$$

4.3.3　水面线计算

4.3.3.1　明流洞内水面线计算

水流从有压短管泄出，以后为高速明流。一般情况下，隧洞底坡 i 大于临界底坡 i_k，

属于陡坡。闸孔后的收缩水深 h_c 小于均匀流水深 h_0（$h_c < h_0 < h_k$），洞内水面线为 C_2 型急流壅水曲线。

洞内水面线应根据能量方程，用分段求和法计算见式（4.3-3）和式（4.3-4）：

$$\Delta L_{1-2} = \left[\left(h_2 \cos\theta + a_2 \frac{v_2^2}{2g} \right) - \left(h_1 \cos\theta + a_1 \frac{v_1^2}{2g} \right) \right] / (i - J) \qquad (4.3-3)$$

其中

$$J = n^2 v^2 / R^{4/3} \qquad (4.3-4)$$

式中　ΔL_{1-2}——分段长度，m；

h_1、h_2——分段始、末断面水深，m；

v_1、v_2——分段始、末断面流速，m/s；

a_1、a_2——流速分布不均匀系数，取 1.05；

θ——泄槽底坡角度，（°）；

i——泄槽底坡，$i = \tan\theta$；

J——分段内摩阻坡降；

n——泄槽槽身糙率，见表 2.2-1；

v——分段平均流速，$v = (v_1 + v_2)/2$，m/s；

R——分段平均水力半径，$R = (R_1 + R_2)/2$，m。

g——重力加速度，m/s^2，取 9.8m/s^2。

4.3.3.2　明流洞内水面线计算程序框图

计算程序还包括以下参数：

Q_c——单个泄槽流量，m^3/s；

n_z——糙率；

b_c——单个泄槽宽，m；

φ——流速系数，一般 0.95 左右；

H_0——计算起始断面渠底以上总水头；

L——泄槽长，m；

h_c——起始断面水深为闸孔后的收缩水深，$h_c = \varepsilon e$，m。

ζ——掺气水深系数，取 1~1.4s/m；

N——计算断面个数。

计算程序框图见图 4.3-4。

4.3.3.3　算例

国内某水电站，水库校核水位 1860.4m，正常蓄水位 1856m，汛限水位 1854m，中孔泄洪洞进水口为有压短管，有压短管出口高程 1804m，后接"龙抬头"无压泄洪洞，隧洞为城门洞型，隧洞断面尺寸为 10m×15m，底坡为 0.14，洞长 206.39m，反弧末段高程 1778.007m，反弧段后底坡为 0.00472、洞长 442.937m。进水口底板高程 1804m，工作闸门尺寸 8m×11m，流量系数 $\mu = 0.871$，垂直收缩系数 $\varepsilon = 0.914$，混凝土衬砌糙率 0.014，求校核洪水时中孔泄洪洞沿程水面线（净水深、掺气水深、空化数、隧洞净孔断面）。

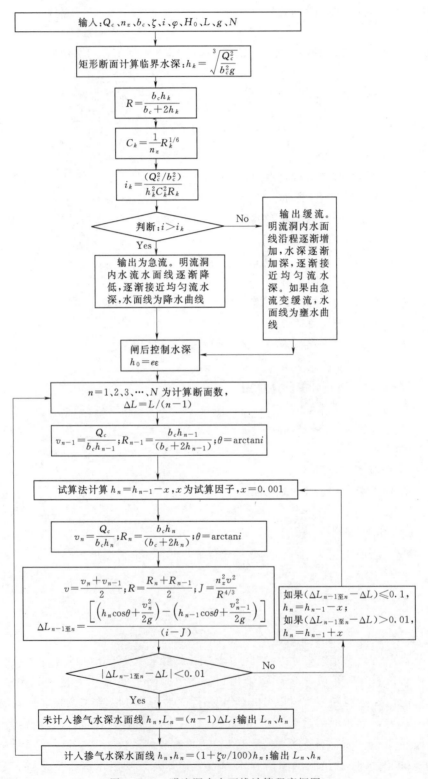

图 4.3-4　明流洞内水面线计算程序框图

解：

$$h_k = \sqrt[3]{\frac{Q_c^2}{b_c^2 g}} = \sqrt[3]{\frac{2310^2}{10^2 \times 9.8}} = 17.593(\text{m}),$$

$$R_k = \frac{b_c h_k}{b_c + 2h_k} = \frac{10 \times 17.593}{10 + 2 \times 17.593} = 3.894(\text{m}),$$

$$C_k = \frac{1}{n_z} R_k^{1/6} = \frac{1}{0.014} \times 3.894^{1/6} = 89.592,$$

$$i_k = \frac{(2310^2/10^2)}{17.593^2 \times 89.592^2 \times 3.894} = 0.005516;$$

"龙抬头"无压泄洪洞反弧段前：$i_k = 0.005516 < 0.14$，属于急流；

"龙抬头"无压泄洪洞反弧段后：$i_k = 0.005516 > 0.004692$，属于缓流。

"龙抬头"无压泄洪洞反弧段前水面线计算：

起始断面：$h_0 = 11 \times 0.914 = 10.054\text{m}$，$i = 0.14$，$L_1 = 206.39\text{m}$，

$$v_0 = 2310/(8 \times 10.054) = 28.72(\text{m/s}),$$

$$\theta = \text{arctan}i = \text{arctg}0.14 = 7.97°,$$

$$\cos 7.97° = 0.99,$$

$$R_0 = (8 \times 10.054)/(8 + 2 \times 10.054) = 2.8615(\text{m});$$

反弧断面：降水曲线，假定 $h_1 = 7.5\text{m}$，$v_0 = 2310/(10 \times 7.5) = 30.8(\text{m/s})$，

$$R_1 = (10 \times 7.5)/(10 + 2 \times 7.5) = 3(\text{m}),$$

$$v_{01} = (28.72 + 30.8)/2 = 29.76(\text{m/s}),$$

$$R_{01} = (2.8615 + 3)/2 = 2.931(\text{m}),$$

$$J = (0.014^2 \times 29.76^2)/2.931^{1.33333} = 0.04139,$$

$$\Delta L_{n-1 \text{至} n} = \frac{\left(h_n \cos\theta + \dfrac{v_n^2}{2g}\right) - \left(h_{n-1} \cos\theta + \dfrac{v_{n-1}^2}{2g}\right)}{(i - J)}$$

$$= \frac{\left(7.5 \times 0.99 + \dfrac{30.8^2}{2 \times 9.8}\right) - \left(10.054 \times 0.99 + \dfrac{28.72^2}{2 \times 9.8}\right)}{(0.14 - 0.04139)}$$

$$= [(7.425 + 48.4) - (9.95346 + 42.0836)]/0.09861$$

$$= 38.876(\text{m}) < 206.39\text{m};$$

再假定 $h_1 = 7\text{m}$，$v_0 = 2310/(10 \times 7) = 33(\text{m/s})$，

$$R_1 = (10 \times 7)/(10 + 2 \times 7) = 2.9167(\text{m}),$$

$$v_{01} = (28.72 + 33)/2 = 30.86(\text{m/s}),$$

$$R_{01} = (2.8615 + 2.9167)/2 = 2.8891(\text{m}),$$

$$J = (0.014^2 \times 30.86^2)/2.8891^{1.33333} = 0.04536,$$

$$\Delta L_{n-1 \text{至} n} = \frac{\left(h_n \cos\theta + \dfrac{v_n^2}{2g}\right) - \left(h_{n-1} \cos\theta + \dfrac{v_{n-1}^2}{2g}\right)}{(i - J)}$$

$$= \frac{\left(7 \times 0.99 + \frac{33^2}{2 \times 9.8}\right) - \left(10.054 \times 0.99 + \frac{28.72^2}{2 \times 9.8}\right)}{(0.14 - 0.04536)}$$

$$= [(6.93 + 55.561) - 52.037]/0.0946$$

$$= 110.51(\text{m}) < 206.39\text{m};$$

再假定 $h_1 = 6\text{m}$，$v_0 = 2310/(10 \times 6) = 38.5(\text{m/s})$，

$$R_1 = (10 \times 6)/(10 + 2 \times 6) = 2.727(\text{m})，$$

$$v_{01} = (28.72 + 38.5)/2 = 33.61(\text{m/s})，$$

$$R_{01} = (2.8615 + 2.727)/2 = 2.7943(\text{m})，$$

$$J = (0.014^2 \times 33.61^2)/2.7943^{1.33333} = 0.05626，$$

$$\Delta L_{n-1至n} = \frac{\left(h_n\cos\theta + \frac{v_n^2}{2g}\right) - \left(h_{n-1}\cos\theta + \frac{v_{n-1}^2}{2g}\right)}{(i - J)}$$

$$= \frac{\left(6 \times 0.99 + \frac{38.5^2}{2 \times 9.8}\right) - \left(10.054 \times 0.99 + \frac{28.72^2}{2 \times 9.8}\right)}{(0.14 - 0.05626)}$$

$$= [(5.94 + 75.625) - 52.037]/0.0837$$

$$= 352.784.915(\text{m}) > 206.39\text{m};$$

再假定 $h_1 = 6.5\text{m}$，$v_1 = 2310/(10 \times 6.5) = 35.538(\text{m/s})$，

$$R_1 = (10 \times 6.5)/(10 + 2 \times 6.5) = 2.826(\text{m})，$$

$$v_{01} = (28.72 + 35.538)/2 = 32.129(\text{m/s})，$$

$$R_{01} = (2.8615 + 2.826)/2 = 2.844(\text{m})，$$

$$J = (0.014^2 \times 32.129^2)/2.844^{1.33333} = 0.0502，$$

$$\Delta L_{n-1至n} = \frac{\left(h_n\cos\theta + \frac{v_n^2}{2g}\right) - \left(h_{n-1}\cos\theta + \frac{v_{n-1}^2}{2g}\right)}{(i - J)}$$

$$= \frac{\left(6.5 \times 0.99 + \frac{35.538^2}{2 \times 9.8}\right) - \left(10.054 \times 0.99 + \frac{28.72^2}{2 \times 9.8}\right)}{(0.14 - 0.0502)}$$

$$= [(6.435 + 64.436) - 52.037]/0.0898$$

$$= 209.732(\text{m}) > 206.39\text{m};$$

再假定 $h_1 = 6.51\text{m}$，$v_1 = 2310/(10 \times 6.51) = 35.484(\text{m/s})$，

$$R_1 = (10 \times 6.51)/(10 + 2 \times 6.51) = 2.828(\text{m})，$$

$$v_{01} = (28.72 + 35.484)/2 = 32.102(\text{m/s})，$$

$$R_{01} = (2.8615 + 2.828)/2 = 2.84475(\text{m})，$$

$$J = (0.014^2 \times 32.102^2)/2.84475^{1.33333} = 0.05011，$$

$$\Delta L_{n-1至n} = \frac{\left(h_n\cos\theta + \frac{v_n^2}{2g}\right) - \left(h_{n-1}\cos\theta + \frac{v_{n-1}^2}{2g}\right)}{(i - J)}$$

$$=\frac{\left(6.51\times0.99+\dfrac{35.484^2}{2\times9.8}\right)-\left(10.054\times0.99+\dfrac{28.72^2}{2\times9.8}\right)}{0.14-0.05011}$$

$$=[(6.4449+64.2405)-52.037]/0.0899$$

$$=207.435(\text{m})>206.39\text{m};$$

再假定 $h_1=6.515\text{m}$，$v_1=2310/(10\times6.515)=35.4566(\text{m/s})$，

$$R_1=(10\times6.515)/(10+2\times6.515)=2.8289(\text{m})，$$

$$v_{01}=(28.72+35.4566)/2=32.0883(\text{m/s})，$$

$$R_{01}=(2.8615+2.8289)/2=2.8452(\text{m})，$$

$$J=(0.014^2\times32.0883^2)/2.8452^{1.33333}=0.050057，$$

$$\Delta L_{n-1\text{至}n}=\frac{\left(h_n\cos\theta+\dfrac{v_n^2}{2g}\right)-\left(h_{n-1}\cos\theta+\dfrac{v_{n-1}^2}{2g}\right)}{i-J}$$

$$=\frac{\left(6.515\times0.99+\dfrac{35.4566^2}{2\times9.8}\right)-\left(10.054\times0.99+\dfrac{28.72^2}{2\times9.8}\right)}{0.14-0.050057}$$

$$=[(6.44985+64.14135)-52.037]/0.0899$$

$$=206.387(\text{m})\approx206.39\text{m};$$

所以：$h_1=6.515\text{m}$。

"龙抬头"无压泄洪洞反弧段后：$i_k=0.005516>0.004692$ 属于缓流，属于用壅水曲线，洞长 $L_2=442.937\text{m}$，假定第二断面 $h_2=7\text{m}>6.515\text{m}$，

$$h_1=6.515\text{m},v_1=2310/(10\times6.515)=35.4566(\text{m/s})，$$

$$R_1=(10\times6.515)/(10+2\times6.515)=2.8289(\text{m})，$$

$$v_2=2310/(10\times7)=33(\text{m/s})，$$

$$R_2=(10\times7)/(10+2\times7)=2.9167(\text{m})，$$

$$v_{21}=(35.4566+33)/2=34.2283(\text{m/s})，$$

$$R_{01}=(2.8289+2.9167)/2=2.8728(\text{m})，$$

$$J=(0.014^2\times34.2283^2)/2.8728^{1.33333}=0.05623，$$

$$\Delta L_{n-1\text{至}n}=\frac{\left(h_n\cos\theta+\dfrac{v_n^2}{2g}\right)-\left(h_{n-1}\cos\theta+\dfrac{v_{n-1}^2}{2g}\right)}{i-J}$$

$$=\frac{\left(7\times0.99+\dfrac{33^2}{2\times9.8}\right)-\left(6.515\times0.99+\dfrac{35.4566^2}{2\times9.8}\right)}{0.004692-0.05623}$$

$$=[(6.93+55.561)-70.591]/(-0.051538)$$

$$=157.166(\text{m})<442.937\text{m};$$

假定第三断面 $h_3=8\text{m}$，$v_3=2310/(10\times8)=28.875(\text{m/s})$，

$$R_3=(10\times8)/(10+2\times8)=3.0769(\text{m})，$$

$$v_{13}=(28.875+35.4566)/2=32.1658(\text{m/s})，$$

$$R_{01} = (3.0769 + 2.8289)/2 = 2.9529 \text{(m)},$$

$$J = (0.014^2 \times 32.1685^2)/2.9529^{1.33333} = 0.04788,$$

$$\Delta L_{n-1 \text{至} n} = \frac{\left(h_n \cos\theta + \dfrac{v_n^2}{2g}\right) - \left(h_{n-1} \cos\theta + \dfrac{v_{n-1}^2}{2g}\right)}{(i - J)}$$

$$= \frac{\left(8 \times 0.99 + \dfrac{28.875^2}{2 \times 9.8}\right) - \left(6.515 \times 0.99 + \dfrac{35.4566^2}{2 \times 9.8}\right)}{(0.004692 - 0.04788)}$$

$$= [(7.92 + 42.539) - 70.591]/(-0.043188)$$

$$= 466.148 \text{(m)} > 442.937 \text{m};$$

第三断面试算 $h_3 = 7.92$m，$v_3 = 2310/(10 \times 7.92) = 29.1667$（m/s），

$$R_3 = (10 \times 7.92)/(10 + 2 \times 7.92) = 3.065 \text{(m)},$$

$$v_{13} = (29.1667 + 35.4566)/2 = 32.3116 \text{(m/s)},$$

$$R_{01} = (3.065 + 2.8289)/2 = 2.947 \text{(m)},$$

$$J = (0.014^2 \times 32.3116^2)/2.947^{1.33333} = 0.04843,$$

$$\Delta L_{n-1 \text{至} n} = \frac{\left(h_n \cos\theta + \dfrac{v_n^2}{2g}\right) - \left(h_{n-1} \cos\theta + \dfrac{v_{n-1}^2}{2g}\right)}{(i - J)}$$

$$= \frac{\left(7.92 \times 0.99 + \dfrac{29.1667^2}{2 \times 9.8}\right) - \left(6.515 \times 0.99 + \dfrac{35.4566^2}{2 \times 9.8}\right)}{(0.004692 - 0.04843)}$$

$$= [(7.8408 + 43.4029) - 70.591]/(-0.04374)$$

$$= 442.33 \text{(m)}, \text{接近} 442.937 \text{m}_\circ$$

所以，末端 $h_3 = 7.92$m，$v_3 = 29.1667$m/s。

4.3.4　掺气水深计算

深孔闸门后无压流的流速很大，一般考虑因水流掺气而增加的水深，确定隧洞的高度。隧洞掺气水流不同于溢流坝和陡槽的掺气水深，其特点是，隧洞的底坡较缓，水深较大，沿程壅高。隧洞掺气水深计算见式（4.3-5）：

$$\lg \frac{h_a - h}{\Delta} = 1.77 + 0.0081 \frac{v^2}{gR} \tag{4.3-5}$$

式中　h_a——掺气后水深；

$\quad\quad h$——未掺气水流的水深，m；

$\quad\quad v$——未掺气水流的流速，m/s；

$\quad\quad R$——未掺汽水流的水力半径；

$\quad\quad \Delta$——表面绝对糙度，对混凝土糙率 $n = 0.014$，$\Delta = 0.002$m。

公式的适用条件：$h > 1.2$m，0.6m$< R < 1.4$m，15m/s$< v < 30$m/s。

4.4　高流速的防空蚀设计

（1）高流速的水工隧洞，应根据试验选定各部位的体型并使选定体型最低压力

点（或可疑点）的"初生空化数"小于该处的"水流空化数"，否则必须采取相应的措施。

（2）空蚀可能性的判断应符合以下规定：①高流速水工隧洞设计时，应使水流空化数 σ 大于初生空化数 σ_i。重要部位的 σ_i 应通过试验测定；②各类不经常用的水工隧洞以及易于检修的洞身段可采用 $\sigma \geqslant 0.85\sigma_i$。

（3）高流速水工隧洞进行沿程水流空化数的计算见式（4.4-1）~式（4.4-3）。

$$\sigma = (P_0 + P_a - P_v)/(0.5\rho_0 v_0^2) \qquad (4.4-1)$$

$$P_a = \gamma_0(1.33 - \Delta/900) \qquad (4.4-2)$$

$$\rho = \gamma_0/g \qquad (4.4-3)$$

（4）水工无压隧洞及出口消能防冲建筑物水流空化数小于 0.30 或流速大于 30~35m/s 时，应按下列原则设置掺气减蚀设施：

1）选用合理的掺气形式，并进行大比尺模型试验论证。

2）近壁层掺气浓度大于 4%~5%。

3）掺气长度根据泄水曲线形式和掺气结构型式确定，曲线段可采用 50~100m，直线段可采用 100~150m，对长泄水道应考虑设置多级掺气减蚀设施。

4）附近的水流底面或空腔内部出现破坏性负压。

5）在明流泄水隧洞中，如无特殊要求，最好避免在侧墙上设置通气槽、挑坎或跌坎。掺气设施包括与外界连接送气的通气孔，通气孔工作时，孔内最大风速不超过 40~60m/s。

6）1、2 级泄水建筑物高流速区应进行原型空化空蚀监测设计。

4.5 水工隧洞水力设计应重视的问题

4.5.1 高流速无压隧洞掺气水深计算问题

规范要求在掺气水面线以上的空间，宜取横断面面积的 15%~25%。实际工程中，为了防止空蚀破坏，高速水流掺气减蚀是一种最有效的方法。但是，高速流掺气后表面形成水气二相流，判断水面较难。目前，计算掺气水深的公式有断面平均流速公式、霍尔（Hall）公式、王俊勇公式、王世夏公式等，各种公式都是从原型观测通过量纲分析得出来的，有一定的误差。虽然规范要求高速流做模型试验，水气二相流原型和模型无法做到相似，试验很难模拟。因此，高流速无压隧洞掺气水深，宜考虑各种公式适应范围和适应性进行计算分析。例如，锦屏一级水电站泄洪洞，隧洞断面 13m×17m，最高流速理论计算值 50m/s，无压高速流段设置 3 道掺气坎，与掺气坎相接三条通向山顶外的补气洞直径 6m，原型试验放水时，当开度达到 75%、100% 时，出口断面顶部基本为水气二相流，山谷中回响恐怖刺耳的声音。

高速水流掺气水深计算公式有：霍尔公式，见式（4.5-1）和式（4.5-2）；溢洪道规范公式，见式（4.5-3）和式（4.5-4）；王俊勇公式，见式（4.5-5）和式（4.5-6）。

1. 霍尔公式掺气水深计算

计算公式如下：

$$h_a = \frac{h}{\beta} \tag{4.5-1}$$

$$\beta = \frac{1}{1 + K\dfrac{v^2}{gR}} \tag{4.5-2}$$

式中　h_a——掺气水深，m；

　　　h——不掺气水深，m；

　　　β——断面平均含水比；

　　　v——不掺气水流断面平均流速，m/s；

　　　R——不掺气水流断面的水力半径；

　　　K——经验系数，普通混凝土壁面取 0.005、光滑砌石取 0.008~0.012、浆砌石取 0.015~0.02。

2. 溢洪道规范掺气水深计算

计算公式如下：

$$h_a = \frac{h}{\beta} \tag{4.5-3}$$

$$\beta = \frac{1}{1 + \dfrac{\zeta v}{100}} \tag{4.5-4}$$

式中　h_a——掺气水深，m；

　　　h——不掺气水深，m；

　　　β——断面平均含水比；

　　　v——不掺气水流断面平均流速，m/s；

　　　ζ——修正系数，一般取 1.0~1.4m/s，当流速大于 20m/s 时，宜取较大值。

3. 王俊勇公式掺气水深计算

计算公式如下：

$$h_a = \frac{h}{\beta} \tag{4.5-5}$$

$$\beta = 0.937\left(Fr^2\,\frac{n\sqrt{g}}{R^{\frac{1}{6}}}\frac{B}{h}\right)^{-0.088} \tag{4.5-6}$$

式中　h_a——掺气水深，m；

　　　h——不掺气水深，m；

　　　β——断面平均含水比；

　　　Fr——不掺气水流弗劳德数；

　　　n——糙率；

　　　R——不掺气水流断面的水力半径，m；

　　　B——断面宽度，m。

霍尔公式考虑水流的弗劳德数，溢洪道规范公式考虑水流断面平均流速，王俊勇公式既考虑弗劳德数又考虑过水断面糙率。

4.5.2　深埋有压或无压隧洞的外压问题

深埋隧洞涉及地下水位很高，存在外压较大的问题。锦屏二级水电站引水隧洞洞径10m，山体最大埋深2525m。引汉济渭输水隧洞洞径8m，山体最大埋深2000m，地下水位高于洞轴线最大超过1100m，平均600m。深埋隧洞出现外水压力大容易导致衬砌破坏，设计时应结合工程措施估算外压。工程措施采取"防、排、截、堵"结合的综合治理原则。通常情况下，深埋交通道路隧洞排水，根据隧道水文地质条件，由环向排水管和隧道两侧的排水边沟，以及隧道路面之下的中央排水沟构成完整的排水系统。对于引（输）水隧洞降低外压的措施主要有灌浆和排水，隧洞围岩的固结灌浆可以减少灌浆圈内围岩渗透性，提高围岩整体性。锦屏二级和引汉济渭工程具体措施有差异，但均采用"堵排结合，以排为主"的设计原则。

第 5 章

竖井泄洪洞水力学计算

5.1 竖井泄洪洞概况

近年来，国内水利水电工程利用导流洞改建为竖井泄洪洞的实例越来越多，有必要对其水力学计算进行总结。冶勒水电站泄洪洞和放空洞受地形限制无法布置，采用竖井泄洪洞，垂直旋流，泄洪洞尾部与放空洞结合，水头为 120m，最大泄流量 214m³/s，旋流竖井消能率均在 88% 左右。沙牌水电站的竖井旋流式泄洪洞，水头为 88m，最大泄流量 242m³/s。公伯峡水电站利用导流洞改建为竖井式水平旋流泄洪洞，水头为 100m，泄流量 1060m³/s。溪古水电站利用导流洞改建为竖井旋流泄洪洞，泄流量 216m³/s。狮子坪水电站改建为竖井泄洪洞，水头 130.65m，泄流量为 267m³/s。斜卡水电站泄洪洞与放空（导流）洞结合，即"三洞合一"的布置型式，水头为 88m，泄流量为 413m³/s。双江口水电站利用导流洞改建为竖井泄洪洞，水头为 239.47m，最大泄流量 1196m³/s。两河口水电站利用导流洞改建为竖井泄洪洞，水头为 204.47m，最大泄流量 1216m³/s。玛尔挡水电站利用原导流洞改建生态放水洞，竖井式垂直旋流泄洪洞，下泄流量 145m³/s。国外，20世纪 70 年代修建较多的竖井泄洪洞。印度尼西亚的查蒂努赫水电站采用直径 90m 的薄壁竖井泄洪道，水流经进水塔顶溢流跌至井底水垫塘，与引水底孔水流冲撞消能，经过水垫塘的旋滚再次消能后，流速降为 20m/s 左右，消能效果较好。俄罗斯的卡姆巴金 1 号水电站有 2 条泄洪洞采用消力井的竖井内消能工，其消力井尺寸为直径 10m、井高 48.3m，总水头为 240m。竖井式消能总消能率可达 85%～90%。苏联查尔瓦克水利枢纽隧洞，其尺寸为 10m×11m，设计流量超过 1200m³/s，闸门水头为 110m，闸室外的流速为 40m/s；塔吉克斯坦罗贡水利枢纽闸门水头 200m，流速为 60m/s，泄流量 2400m³/s，水流旋转相互作用，消能将急流状态转变为缓流状态，而且水深加大，泄水隧洞中流速降低到 1/4。

竖井泄洪洞，国外一般叫竖井溢洪道，一般由进水喇叭口、渐变段、竖井、弯管（或竖井和出水隧洞间的其他连接段）、出水隧洞五部分组成。

根据水流在竖井中的流态，可分为环形堰自由跌落式竖井泄洪洞和涡流式竖井泄洪洞；从消能角度，分为竖井旋流消能和水平旋流消能；按工作状态，可以分无控制的（堰顶不设闸门）和有控制的（堰顶设有闸门）两类。已建成的工程中无控制的自由堰流占大部分，由闸门控制的占少部分。某工程竖井泄洪洞，进口水平隧洞为有压短管，进口工作闸门可以控制流量，竖井顶部设有涡室，见图 5.1-1。

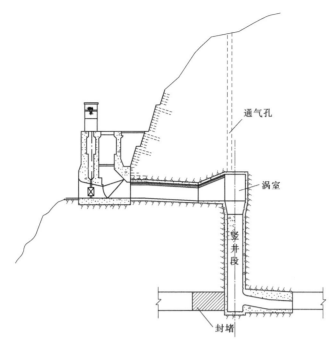

图 5.1 - 1　某工程可以控制流量的竖井泄洪洞示意图

（通气孔、涡室、竖井段、封堵）

　　进水喇叭口段的堰顶剖面形状，可以是弧形的也可以是平直线形的，在平面上可以是完整圆环，也可以是部分圆环。根据水工枢纽布置特点，竖井泄洪洞进水口可部分或者整个做成塔式进水口。

　　环形堰自由跌落式竖井泄洪洞，在竖井段要防止水流旋转而引起泄流能力的降低，水流跌落能量损失不大，水流的能量主要通过水平隧洞设置涡流起旋设施或者设置洞塞等设施进行消能。这类竖井泄洪洞的特点是，竖井段水流靠重力跌落，水平段泄洪洞形成水平旋流进行消能。

　　涡流式竖井泄洪洞，在进水口专门设置涡流室来迫使水流旋转，竖井中水流继续旋转，此时竖井轴线上形成空气核囊，即漩涡空气漏斗的旋尾。这种竖井泄洪洞的特点是，当流量由零变到设计流量时流态稳定。竖井内为无旋转自由跌落水流，在流量小于设计流量时，水流的连续性可能受到破坏，在竖井壁会出现负压。竖井段水流形成垂直旋流进行消能，然后接水平泄洪隧洞或利用导流洞将消能后的水流泄出至下游河道。

　　对于高坝，泄洪水头较高，泄洪水流能量巨大，为了减小挑流引起大的泄洪雨雾对道路、厂房、开关站等造成危害，采用竖井泄洪洞是一个比较好的选择。黄河公伯峡水电站，由于旋流泄洪洞不会造成下游雨雾，电厂运行人员非常愿意使用竖井泄洪洞泄放常遇洪水。鉴于公伯峡水电站竖井泄洪洞仅能泄放设计流量 $1060 \mathrm{m}^3/\mathrm{s}$，根据黄河来水量情况，还需要泄洪排沙洞开启调节泄放上游来流量，泄洪排沙洞开启频繁，且挑流引起雨雾较大。因此，竖井泄洪洞最好泄放河流来水的常遇洪水，同时设置闸门，控制泄洪流量以适应上游不同来流量，尽量减少其他泄水建筑物挑流雾化的影响。黄河公伯峡水电站右岸旋流泄洪洞，进口溢流堰，设有闸门全开运行，不允许局部开启运行，仅起到关闭作用，竖井为自由跌落水流，竖井底部设置水平涡室，形成水平旋流段，后接水垫塘消能，见图5.1-2和图5.1-3。

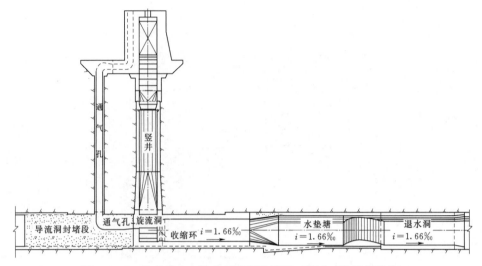

图 5.1-2 公伯峡水电站右岸旋流泄洪洞（沿进口溢流堰轴线）

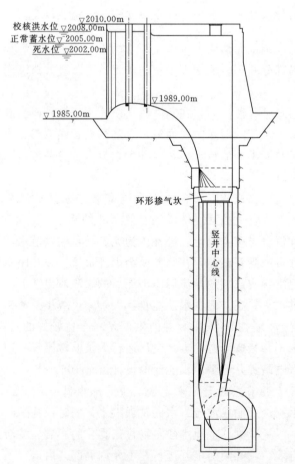

图 5.1-3 公伯峡水电站右岸旋流泄洪洞（沿水平旋流洞轴线）

5.2 环形堰竖井泄洪洞

环形堰竖井泄洪洞水流形态示意见图 5.2-1。

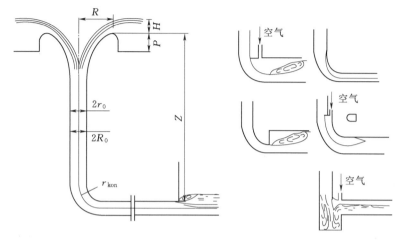

图 5.2-1　环形堰竖井泄洪洞水流形态示意图

进水喇叭口平面布置为圆环堰或部分环形堰的溢流喇叭口,有时堰顶是平顶。渐变段整个隧洞断面为自由跌落水体所充满,其面积随跌落水流过水断面的收缩而减少;在渐变段的末端自由跌落水流转变为有压流。竖井段通常做成等断面。设置弯管段,或者竖井和出水隧洞间的其他连接方式。出水隧洞段为有压或无压隧洞,可利用导流洞改建,节省工程投资。

竖井泄洪洞的水力学计算主要是根据给定泄流量确定各部分建筑物体型,复核泄流能力。

5.2.1 竖井泄洪洞泄流能力

5.2.1.1 溢流堰泄流量计算

溢流堰泄流量计算见式(5.2-1):

$$Q = \varepsilon m (2\pi R - n_0 S) \sqrt{2g} H^{3/2} \tag{5.2-1}$$

其中

$$d = 2R$$

式中　Q——流量,$\mathrm{m^3/s}$;

　　　R——喇叭口半径,m;

　　　d——喇叭口直径,m;

　　　H——堰顶水头,m;

　　　m——流量系数,有斜平面段喇叭口的溢流堰流量系数 $m=0.36$,无平顶段竖井泄洪洞溢流堰流量系数比有平顶段竖井泄洪洞溢流堰的要大,$m=0.46$。

　　　n_0——闸墩数目;

　　　S——堰顶处闸墩宽度,m;

ε——收缩系数，一般取 0.9。

g——重力加速度，m/s^2，取 $9.8m/s^2$。

当水流流经直线性溢流堰时，随着水头的增大，可获得较胖的溢流剖面，这是因为与堰顶水头的平方根成正比的水平分速增大了。对于环形堰，随着水头的增加，溢流剖面逐渐变瘦，这是因为径向流速相互作用（相互束窄）的结果。环形堰的特征是自行淹没堰顶，导致泄流能力降低。

当喇叭口淹没时，竖井泄洪洞的泄流量计算见式（5.2-2）：

$$Q=\mu\omega\sqrt{2g(H+Y)} \tag{5.2-2}$$

其中
$$\omega=\pi d^2/4$$

式中　　μ——流量系数，竖井淹没成有压流流量系数，一般取 0.85；

ω——从有压转变为无压流的断面上的孔口面积，m^2；

Y——环形堰堰顶与流态转换断面上自由水面之间的高差，m。

当堰顶自身淹没后，喇叭口内为有压流。喇叭口后面某一断面上水流开始自由跌落，按该断面出的孔流计算泄流能力。

当喇叭口淹没不是堰顶自身淹没造成的，而是由于整个竖井中转为有压状态的结果。喇叭口没淹没以前，泄流能力按堰流公式，淹没之后按孔流公式。

5.2.1.2　计算程序框图（见图5.2-2）

5.2.1.3　算例

黄河某水电站工程主要任务是发电，兼顾下游灌溉及供水。水库正常蓄水位 2005.0m，校核水位 2008.0m，总库容为 6.2 亿 m^3，电站总装机容量为 1500MW。右岸泄洪洞为由导流洞改建而成的水平旋流消能泄洪洞型式。开敞式进水口位于电站引渠前沿右侧，堰顶高程 1989m，为一孔 12m×16m 的孔口，设平板事故检修闸门和平板工作闸门各一扇，由 2×1250kN 固定式启闭机操作。堰闸后接直径 9.0m 竖

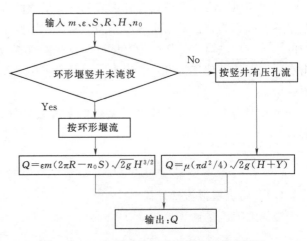

图 5.2-2　竖井泄洪洞泄流量计算程序框图

井，竖井掺气坎喉口断面控制各缩窄 0.75m，高程 1967m，竖井高度为 46.615m，其下通过高度为 27.75m 的水平旋流发生装置与长 45.5m、直径 10.50m 的水平旋流洞相接，水平旋流洞后为长 60.0m 的水垫塘消能段，其后即为与原导流洞结合的退水洞段，结合段长 740.246m，末端为挑流消能鼻坎。求竖井泄洪洞最大泄流量。

解：

$$m=0.46,$$
$$H=2008-1989=19(m),$$
$$R=36m,$$

$$\varepsilon = 0.9,$$

$$n_0 = 1,$$

$$S = 214.08 \text{m},$$

$$(2\pi R - n_0 S) = (2 \times 3.14 \times 36 - 1 \times 214.08) = 12 \text{(m)},$$

$$\begin{aligned}
Q &= \varepsilon m (2\pi R - n_0 S)\sqrt{2g}\, H^{3/2} \\
&= 0.9 \times 0.46 \times 12 \times (2 \times 9.8)^{0.5} \times 19^{1.5} \\
&= 4.968 \times 4.427 \times 82.819 \\
&= 1821.5 \text{(m}^3/\text{s)};
\end{aligned}$$

$$\mu = 0.85,$$

$$d = 9 - 2 \times 0.75 = 7.5 \text{(m)},$$

$$Y = 1989 - 1967 = 22 \text{(m)},$$

$$\begin{aligned}
Q &= \mu(\pi d^2/4)\sqrt{2g(H+Y)} \\
&= 0.85 \times (3.14 \times 7.5^2/4) \times [2 \times 9.8 \times (19+22)]^{0.5} \\
&= 0.85 \times 44.156 \times 28.348 \\
&= 1064 \text{(m}^3/\text{s)}.
\end{aligned}$$

某水电站右岸竖井泄洪洞进口溢流堰，当堰顶自身淹没后，喇叭口内为有压流。喇叭口后面某一断面上水流开始自由跌落，按该断面处的孔流计算泄流能力。当喇叭口淹没不是堰顶自身淹没造成的，而是由于整个竖井中转为有压状态的结果。喇叭口没淹没以前，泄流能力按堰流公式，淹没之后按孔流公式。该工程在校核水位下，竖井内水流转为有压孔流，所以旋流泄洪洞最大泄流量为 1064m³/s。

5.2.2 各部分建筑物体型及水流流态

5.2.2.1 喇叭口段

当喇叭口的直径 $R > (5 \sim 7)H$ 时，宜采用有平顶（即有斜面段）的喇叭口，H 为堰顶水头。有平顶竖井泄洪洞见图 5.2-3。根据试验，当斜面倾角 $\alpha = 6° \sim 9°$ 时，斜平面段

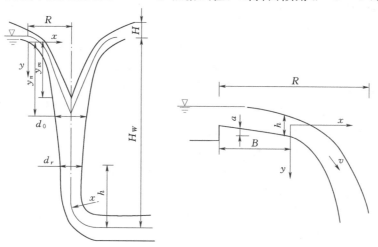

图 5.2-3 有平顶竖井泄洪洞水流形态示意图

末端的水流深度（即曲面段与斜面段相交点断面水深）$h_0 = 0.65H$；该断面的流速为

$$v_0 = \frac{Q}{2\pi r_0 (0.65H)}，\text{其中 } r_0 = R - B - \frac{h_0}{2}\sin\alpha。$$

$R = (5 \sim 7)H$ 时，斜平面段水平投影长度一般采用 $B = (3 \sim 4)H$ 或 $B = (0.4 \sim 0.5)R$。

确定喇叭口曲线段轮廓线时，认为溢流水舌中心线方程见式（5.2-3）：

$$y = x\tan\alpha + \frac{1}{2}g\left(\frac{x}{v_0 \sin\alpha}\right)^2 \tag{5.2-3}$$

沿水舌中心线各点的流速 v_n 和水舌厚度 h_n 计算见式（5.2-4）和式（5.2-5）。

$$v_n = \sqrt{v_0^2 + 2gy} \tag{5.2-4}$$

$$h_n = \frac{Q}{2\pi(r_0 - x)v_n} \tag{5.2-5}$$

h_n 求出后，根据水舌中心线即可求出喇叭口的轮廓线。

5.2.2.2 渐变段及竖井段

d_0 为竖井开始处的直径，d_T 为出水隧洞的直径，从竖井开始处需要有一段圆锥形的渐变段是喇叭口与竖井平顺连接，渐变段起始断面，即为喇叭口的终点断面，且 $d_0 < d_T$。渐变段起始断面的流速计算见式（5.2-6）：

$$v_y = 0.98\sqrt{2gy_m} \tag{5.2-6}$$

式中　y_m——水舌自由表面交点的纵坐标。

渐变段起始断面的直径 d_0 见式（5.2-7）和式（5.2-8）：

$$d_0 = \sqrt{\frac{4Q}{\pi v_y}} \tag{5.2-7}$$

$$d_y = \sqrt{\frac{4Q}{\pi v}} \tag{5.2-8}$$

渐变段其余各断面的直径，可根据每一个断面的流速 $v = 0.98\sqrt{2gy}$ 求得。

渐变段末端断面，其水流由自由下落的水舌过渡到有压流，竖井段一般为等断面，为有压流。因此渐变段末端断面应高于出口断面，其高差为 h。因弯管与出水隧洞的直径相同，故位能 $h = \sum h_w$（不包括出口损失），根据此条件可确定出水隧洞直径 d_T。

$\sum h_w$ 的可靠性取决于对糙率和弯道阻力系数的正确估算。对糙率估计过大将加大 $\sum h_w$，此时在计算断面以下的断面才转变为有压流；对糙率估计过小就将减小 $\sum h_w$，向有压流过渡的断面就会高于计算断面。在前一种情况，竖井段即等断面段的长度是自由跌水；在另一种情况下，在渐变段内已形成有压流。

竖井中也不可避免地出现过渡流态，在设计流量时为有压流的圆筒洞段，当流量小于设计流量时就变成自由跌水的无压流流动，竖井壁上出现负压，从而破坏了水流的连续性。因此，在最大流量（设计或校核流量）时溢流堰不致淹没的条件下，最好把竖井设计成圆锥形，使它在经常出现的流量或者较小流量时，始终处于有压流状态。

5.2.2.3 弯管及出水隧洞

如果竖井段后面弯管段在设计流量时是有压的，则在小于设计流量的某一范围内，隧洞中就不可避免地出现过渡流态，即从有压流转变为无压流以及相反的转变。因此，无压隧洞的水力条件较好。为了避免弯管段出现负压超过临界值的情况，弯道曲率半径应采用较大值。在无压流中，还要采用工程结构措施使水流脱离弯道顶壁。

竖井与隧洞用弯管连接，弯管曲线半径不应小于（2.5～4.0）d，d为弯管的直径。当弯管半径太小，则在转弯处可能产生较大负压。出水隧洞可为有压隧洞或无压隧洞，当为有压隧洞时，弯管直径一般等于出水隧洞的直径；当为无压隧洞时，弯管断面面积和断面高度小于出水隧洞的断面面积和断面高度。渐变段以上，建筑物的轮廓设计要与水流大致吻合，所以一直到渐变段末端的压强可认为是大气压。渐变段以下，直径不变的竖井中常常会发生负压，引起建筑物的空蚀及振动。通气可以有效地减少负压，通气孔的面积约采用竖井面积的10%～15%。条件许可时，竖井断面逐渐向下收缩，也可使负压减少。

5.2.3 竖井泄洪洞中水流的掺气

从喇叭口进入竖井的水流会挟带空气，与设计流量相比，水流的挟气量随水头的增加和竖井的淹没而减少。在堰顶被淹没后，最初空气继续进入竖井，但随着堰上水头不断增高，空气就能不再进入竖井。反之，随着堰上水头的下降，进入竖井的通气量增大，将减小井壁上的负压，增大水流掺气浓度，也就减少或排除竖井空蚀的危险性。$\frac{H_p}{R}$小的竖井泄洪洞具有较好的工作条件，因为$\frac{H_p}{R}$值越小，喇叭口中水舌交会点的位置就越低，水流掺气也越多，空蚀破坏的危险性就越小。

增加竖井泄洪洞中水流掺气的方法有以下几种：

（1）采用比喇叭口出口断面面积大一些的竖井横断面，促使水流脱离竖井井壁，从堰顶隔墙通气孔进入。

（2）空气由通气孔进入。通气孔布置在溢流喇叭口末端水平断面的圆周上。

（3）空气通过设于不同高程处的通气孔进入，竖井采用等断面。试验表明，当水流掺气后，竖井壁上没有负压存在，水流流态平稳、振动小，而在没有通气孔的竖井中，则竖井壁上负压很大，同时存在很大震动。

为了不让连接竖井和隧洞的弯管段内壁产生空穴，必须保证在弯管段前或者在弯管段上使水流掺入空气。

5.3 涡流式竖井泄洪洞

涡流式竖井泄洪洞由引水段、涡室、竖井和出水段组成。进入竖井的水流在卧室中产生旋转运动，在离心力作用下水流紧贴竖井壁，在井壁上形成剩余压强，减小了空蚀的危险，并沿竖井的中心线还有空气囊形成。竖井中的流线是螺旋线，其螺距随着水体跌落而增加，由于流速的水平分量逐渐减小，而垂直分量不断增大，当增大到它的极限值以后，水流的动能就保持不变，而势能仅在克服摩擦力过程中消耗掉。

涡流式竖井泄洪洞的竖井直径比环形堰竖井溢洪道的要大。涡室在结构上也较环形堰复杂，并且还需要有向涡室供水的设置。但是，由于涡流式竖井具有水力学方面的优点，即流量从 0 变到最大值范围内流态是稳定的，在许多情况下，采用这种型式的竖井泄洪洞。

引水段一般由有压短管进口和明流无压隧洞组成。引水段工作水头不要太高（根据试验确定），保持进入涡室水流流态较好。引水段隧洞位于库水中，衬砌结构外压太高，难以满足结构限裂的要求。同时，控制泄流能力的进水口，工作闸门水头低，正常运行方便安全。

涡室竖井泄洪洞水力设计首先进行各种情况下的泄流能力计算，然后再根据泄流量确定闸门孔口尺寸及引水段上平段隧洞、涡室、竖井、出水段建筑物体型。

5.3.1　涡流式竖井泄洪洞泄流能力

涡流式竖井泄洪洞示意见图 5.3-1。

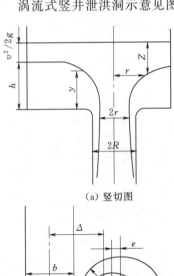

（a）竖切图

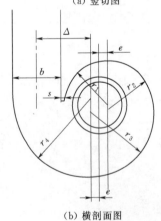

（b）横剖面图

图 5.3-1　涡流式竖井泄洪洞示意图

5.3.1.1　涡流式室竖井泄洪洞流量计算

竖井和涡室连接处的棱角以半径 $\delta=(0.1\sim0.2)R$ 予以修圆，泄流流量计算见式（5.3-1）：

$$Q=\mu\pi R^2\sqrt{2g(H+\delta)+v_0^2} \qquad (5.3-1)$$

其中

$$R=d/2$$

式中
Q——流量，$\mathrm{m^3/s}$；

H——堰顶水头，m；

R——竖井半径，m；

d——竖井直径，m；

v_0——堰前行近流速，m/s；

μ——流量系数，一般取 0.85；

δ——竖井和涡室连接处的棱角以半径 $\delta=(0.1\sim0.2)d/2$ 予以修圆，m；

g——重力加速度，$\mathrm{m/s^2}$，取 $9.8\mathrm{m/s^2}$。

5.3.1.2　计算程序框图（见图 5.3-2）

5.3.1.3　算例

黄河某水电站工程主要任务是发电，兼顾下游灌溉及供水。水库正常蓄水位 2005.0m，校核水位 2008m，总库容为 6.2 亿 $\mathrm{m^3}$，电站总装机容量为 1500MW。右岸泄洪洞为由导流洞改建而成的水平旋流消能泄洪洞型式。开敞式进水口位于电站引渠前沿右侧，堰顶高程 1989m，为一孔 12m×16m 的孔口，设平板事故检修闸门和平板工作闸门各一扇，由 2×1250kN 固定式启闭机操作。堰闸后接直径 9.0m 竖井，竖井掺气坎喉口断面控制各缩窄 0.75m，高程 1967m，竖井高度为 46.615m，其下通过高度为 27.75m 的水平旋流发生装置与长 45.5m、直径 10.50m 的水平旋流洞相接，水平旋流洞后为长 60.0m 的水垫塘消能段，其后即为与原导流洞结合的退水洞段，结合段长 740.246m，末端为挑流消能鼻坎。

$$\mu = 0.85,$$
$$d = 9\text{m},$$
$$H = 2008 - 1989 = 19\text{(m)},$$
$$\delta = (0.1 \sim 0.2)d/2$$
$$= 0.1 \times 9/2$$
$$= 0.45\text{(m)},$$
$$v_0 = 0,$$

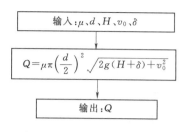

图 5.3 - 2　涡流式竖井泄洪洞
泄流量计算程序框图

$$Q = \mu\pi\left(\frac{d}{2}\right)^2\sqrt{2g(H+\delta)+v_0^2}$$
$$= 0.85 \times 3.14 \times (9/2)^2 \times [2 \times 9.8 \times (19+0.45)]^{0.5}$$
$$= 54.047 \times 19.525$$
$$= 1055\text{(m}^3/\text{s)}.$$

5.3.2　各部分建筑物体型及水流流态

5.3.2.1　引水槽和涡室体型

引水槽的宽度为 b，竖井直径 $2R$，竖井轴线和引水槽中心线之间的距离为 Δ，分流墩的厚度为 s，它们与涡室的平面尺寸关系见式（5.3-2）～式（5.3-6）：

$$e = \frac{b+s}{7} \tag{5.3-2}$$
$$r_1 = \Delta + e - 0.5b - s \tag{5.3-3}$$
$$r_2 = r_1 + e = \Delta + 2e - 0.5b - s \tag{5.3-4}$$
$$r_3 = r_2 + 2e = \Delta + 4e - 0.5b - s \tag{5.3-5}$$
$$r_4 = r_3 + 2e = \Delta + 6e - 0.5b - s \tag{5.3-6}$$

5.3.2.2　竖井流态

将竖井中的流速可以分解为随重力加速度而增大的垂向速度和由于摩阻力而逐渐减小的切向速度。由此合成的流速与垂直轴线的倾角沿竖井的深度方向逐渐减小，水流的旋转运动减弱，且当竖井足够深时流动就转变为自由跌落。在竖井起点的收缩断面上，压强接近大气压，在收缩断面以下，压强由于离心力而增大，然后又随着竖井沿程水流旋转运动的减弱而降低。水流进入竖井时吸进空气，气核一直延续到水舌进入水垫的入口处。

根据水工模型试验成果，竖井直径和最大设计流量 Q_{max} 同涡室前行进流弗劳德数 Fr 有关。考虑到进水口和涡室之间距离不太长，为了简化计算，按进水口收缩断面（即工作弧形闸门）处水深计算 h，计算 $Fr = Q_{max}/(gB^2h^3)^{1/2}$，其中 B 为收缩断面的宽度，竖井直径 $D = K(Q_{max}^2/g)^{0.2}$，式中 $K = Fr^{0.05}$；涡室直径根据经验公式 $D_w = 1.5D$。

涡室顶部应设置通气孔或通气竖井，维持空腔压力为大气压力，否则，竖井壁面会产生负压。通气孔的通气量与进流弗劳德数 Fr 和水跃补气量有关，可按公式 $Q_a = 0.1Q_{max}(Fr-1)^{0.2}$ 估算，式中 Q_a 为估算最大通气量，通气量一般为流量的 20%，通气孔的风速以不超过 60m/s 为宜。

5.3.2.3　泄水隧洞中的流态

如果竖井中的流速没有达到极限值，则进入出水隧洞的水流就会继续旋转出现环状水流断面。为了改善流态，在竖井末端设置一种折流器来压缩净出口断面。折流器产生附加阻力，结果在竖井中形成水垫，有助于消除水流的旋转运动。折流器末端设置通气孔，使下游维持稳定的明流流态。

为了保障在小流量时竖井底部有足够的水垫深度，并减小竖井底部开挖深度，通常在泄水隧洞进口增加曲线型堰。为了使竖井内水平旋转的水流平稳转化为沿退水洞方向的明渠均匀流，还应在泄水隧洞孔口增加 2 个或 2 个以上导流中墩。泄水隧洞进口的顶部应采用 1：5～1：6 的压坡体将断面缩小，并在压坡体末端设置通气孔。

当竖井的高度为 9D，出水隧洞的长度为 15D 时，在弯道束窄 $\varepsilon = 0.56\% \sim 0.67\%$ 的情况下，全程能量损耗为 65%。

在压坡体后的一段泄水隧洞，水流充分掺气为水气二相流，紊动水流时均压力较大，之后泄水隧洞根据与隧洞出口的长度、下游河道水位等情况，可在泄水隧洞适当的位置设置通气孔，将洞内水流形成稳定流态并顺利与河道水流衔接。

第 6 章

混凝土重力坝及拱坝泄水建筑物
的水力学计算

从挡水建筑物上游向下游宣泄水流的水工建筑物叫泄水建筑物。坝顶设置溢流表孔，并使水流沿下游坝面下泄的重力坝叫溢流重力坝。重力坝设在坝顶的开敞式泄流孔口叫溢流表孔。设置重力坝、拱坝等坝体内部的泄流孔口叫坝身泄水孔。

6.1 泄流能力计算公式

6.1.1 开敞式溢流堰的泄流能力

6.1.1.1 开敞式溢流堰的泄流量计算

泄流流量计算见式（6.1-1）：

$$Q = Cm\varepsilon\sigma_m B\sqrt{2g}\,H_w^{3/2} \tag{6.1-1}$$

式中　Q——流量，m^3/s；

　　　B——溢流堰总净宽，m，定义 $B = nb$；

　　　b——单孔宽度，m；

　　　n——闸孔数目；

　　　H_w——堰顶以上作用水头，m；

　　　g——重力加速度，m/s^2，取 $9.8m/s^2$；

　　　m——流量系数，见表 2.1-1；

　　　C——上游面坡度修正系数，见表 2.1-2，当上游堰面为铅直时，C 取 1.0；

　　　ε——侧收缩系数，根据闸墩墩头形状及闸墩厚度选定，设计时，可取 $\varepsilon = 0.90 \sim 0.95$；

　　　σ_m——淹没系数，视泄流的淹没程度而定，不淹没时，$\sigma_m = 1$。

6.1.1.2 计算程序框图（见图 6.1-1）

6.1.1.3 算例

国内某大型水电站，正常蓄水位 2452m，总库容 10.79 亿 m^3，最大坝高 250m，水库校核洪水位 2457m，表孔溢流堰 3 孔等宽布置，每孔净宽 13m，堰面曲线为 WES 曲线，堰顶高程 2443m。流量系数为 0.463，侧收缩系数 0.95，求校核情况下表孔的泄流量。

图 6.1-1 开敞式溢流堰泄量
计算程序框图

解：

$$C=1.0,$$
$$m=0.463,$$
$$\varepsilon=0.95,$$
$$\sigma_m=1,$$
$$B=13\text{m},$$
$$n=3,$$
$$g=9.8\text{m/s}^2,$$
$$H_w=2457-2443=14(\text{m}),$$

$Q=1.0\times0.463\times0.95\times1.0\times3\times13\times\sqrt{2\times9.8}\times13.276^{1.5}=17.1542\times4.427\times52.383$
$=3978(\text{m}^3/\text{s})$。

6.1.2 孔口泄流能力

6.1.2.1 泄流流量计算

泄流流量计算见式（6.1-2）：

$$Q=\mu A_k\sqrt{2gH_w} \tag{6.1-2}$$

式中 Q——流量，m^3/s；

A_k——出口处面积，m^2；

H_w——自由出流时为孔口中心处的作用水头，淹没泄流时为上下游水位差，m；

g——重力加速度，m/s^2，取 9.8m/s^2；

μ——孔口或管道流量系数，初期设计时对设有胸墙的堰顶高孔，当 $H_w/D=$
2.0～2.4（D 为孔口高）时，取 $\mu=0.74\sim0.82$，对深孔 $\mu=0.83\sim0.93$，
当为有压流时，μ 必须计算沿程及局部水头损失后确定。

6.1.2.2 孔口泄流流量计算程序框图

计算程序输入还包括以下参数：

k——局部水头损失系数计算总数；

ξ_i——局部水头损失系数，与之相应的流速所在断面为 A_i；

A_i——局部水头损失系数 ξ_i 管道断面面积，m^2；

m——有压孔沿程水头损失计算分段总数；

A_j——有压孔沿程水头损失第 j 段管道断面面积，m^2；

χ_j——有压孔沿程水头损失第 j 段断面湿周平均值，m；

l_j——有压孔沿程水头损失第 j 段管道长度，m；

R_j——有压孔沿程水头损失第 j 段水力半径的平均值，m；

H_w——自由出流时孔口中心处的作用水头，淹没时为上下游水位差，m；

n_z——管道糙率；

n——有压孔口数；

v_k——出口处流速，m/s。

计算程序框图见图 6.1 - 2。

6.1.2.3 算例

国内某大型水电站，左、右深孔均为斜穿坝体的倾斜有压孔，由坝前进口段、坝内有压斜直段和下弯段，以及坝后工作弧门闸室段，长约 35m。深孔为 2 孔，有压孔口，进水口底坎高程 2371.8m，工作门底坎高程 2362.0m，孔口尺寸 5.5m×6.0m，水库校核洪水位 2457m，求校核情况下深孔的泄流量。

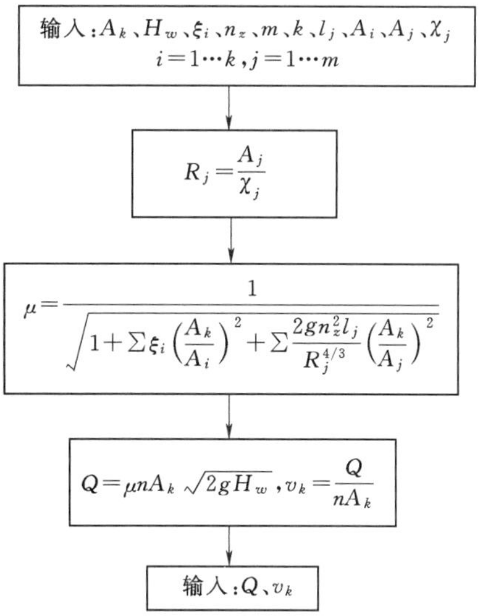

解：

局部水头损失系数 ξ_i，$n=4$；

喇叭口 $\xi_1=0.1$，$A_1=53.988\text{m}^2$；

检修门槽 $\xi_2=0.2$，$A_2=46.75\text{m}^2$；

弯段 $\xi_3=0.133$，$A_3=46.75\text{m}^2$；

渐变段 $\xi_4=0.1$，$A_4=39.875\text{m}^2$；

有压管沿程水头损失按三段，$m=3$；

进口段 $l_1=11$，$A_1=53.988\text{m}^2$，$\chi_1=30.632\text{m}$，$R_1=1.76\text{m}$；

有压管断面不变段 $l_2=16.178\text{m}$，$A_2=46.75\text{m}^2$，$\chi_2=28\text{m}$，$R_2=1.67\text{m}$；

渐变段 $l_3=10.721\text{m}$，$A_3=39.875\text{m}^2$，$\chi_3=25.5\text{m}$，$R_3=1.564\text{m}$；

出口：$A_k=5.5\times6=33(\text{m}^2)$；

图 6.1 - 2　孔口泄量计算程序框图

$$\mu=\frac{1}{\sqrt{1+\sum\xi_i\left(\dfrac{A_k}{A_i}\right)^2+\sum\dfrac{2gn_z^2l_j}{R_j^{4/3}}\left(\dfrac{A_k}{A_j}\right)^2}}$$

$=[1+0.1\times(33/53.988)^2+0.2\times(33/46.75)^2+0.133\times$
$(33/46.75)^2+0.1\times(33/39.875)^2+2\times9.8\times0.014^2\times11\times$
$(33/53.988)^2/1.76^{1.333}+2\times9.8\times0.014^2\times16.178\times$
$(33/46.75)^2/1.67^{1.333}+2\times9.8\times0.014^2\times10.721\times$
$(33/39.875)^2/1.564^{1.333}]^{-0.5}$

$=(1+0.0374+0.1+0.0663+0.0685+0.0074+0.0156+0.0155)^{-0.5}$

$=1.3107^{-0.5}=0.873$；

$$\mu=0.873,$$
$$n=2,$$
$$A_k=5.5\times6=33(\text{m}^2),$$
$$H_w=2457-2362-6/2=92(\text{m}),$$
$$Q=2\times0.873\times33\times\sqrt{2\times9.8\times92}=5.618\times42.464=2446.7(\text{m}^3/\text{s}),$$
$$v_k=2446.7/66=37.37(\text{m/s})。$$

6.2 水面波动及掺气水深

6.2.1 水面波动及掺气水深计算

掺气水深计算见式（6.2-1）：

$$h_b=(1+\zeta v/100)h \qquad (6.2-1)$$

式中　h——泄槽计算断面的净水深，m；

$\quad\quad\ h_b$——泄槽计算断面掺气后的水深，m；

$\quad\quad\ v$——不掺气情况下泄槽计算断面的流速，m/s；

$\quad\quad\ \zeta$——修正系数，可取 1.0～1.4s/m，流速大者取大值。

6.2.2 计算程序框图及算例

6.2.2.1 计算程序框图（见图 6.2-1）

6.2.2.2 算例

同 6.1.1.3 节算例，求溢流面计算断面的掺气水深。

解：

$$h=14\text{m},$$
$$\zeta=1.1,$$
$$v=3978/(14\times13)=21.857(\text{m/s}),$$
$$h_b=\left(1+\frac{\zeta v}{100}\right)h=\left(1+\frac{1.1\times21.857}{100}\right)\times14$$
$$=17.366(\text{m})。$$

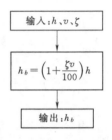

图 6.2-1　掺气水深计算程序框图

6.3 挑 流 消 能

6.3.1 挑流水舌外缘挑距

6.3.1.1 挑距计算

挑距计算见式（6.3-1），如下：

$$L=\frac{v_1^2}{g}\cos\theta\left(\sin\theta+\sqrt{\sin^2\theta+2g(h_1+h_2)/v_1^2}\right) \qquad (6.3-1)$$

式中　L——自挑流鼻坎坎顶算起的挑流水舌外缘与下游水面后与河床面交点的水平距离，m；

$\quad\quad\ g$——重力加速度，m/s²，取 9.8m/s²；

$\quad\quad\ \theta$——挑流鼻坎挑角，（°）；

$\quad\quad\ h_1$——挑流鼻坎坎顶铅直方向水深，$h_1=h/\cos\theta$（h 为坎顶法向的平均水深），m；

$\quad\quad\ h_2$——鼻坎坎顶至下游水面高差，m，如计算冲刷坑最深点距鼻坎的距离，该值可采用坎顶距冲坑最深点高程差；

v_1——鼻坎坎顶水面流速，m/s，可按鼻坎处平均流速 v 的 1.1 倍计。也可按式

$v=\varphi\sqrt{2g(H_0-h_1)}$，流速系数 φ 初估时可取 0.95，H_0 为坎顶水头。

鼻坎末端的水深可近似利用泄槽末端断面水深，按推算泄槽段水面线方法求出；单宽流量除以该水深，可得鼻坎断面平均流速。

6.3.1.2 计算程序框图

计算程序输入还包括以下参数：

Q——管道设计流量，m³/s；

L'——冲坑最低点到挑坎坎顶的水平距离，m；

h——鼻坎坎顶法向平均水深，m；

H_0——坎顶水头，m；

q——鼻坎处单宽流量，m³/s；

K——综合冲刷系数；

H——上下游水面差，m；

β——水舌外缘与下游水面夹角，$\tan\beta=\sqrt{\tan^2\theta+\dfrac{2g(h_2+h\cos\theta)}{v^2\cos^2\theta}}$ 式中挑射水流挑射角 θ 可近似用鼻坎挑角代替；

L_c——水面以下水舌长度的水平投影计算，$L_c=\dfrac{t}{\tan\beta}$；

t'——下游水深，m；

t——下游水面至坑底的最大水垫深度，m；

T——冲坑深度，由河床底面至坑底，m。

计算程序框图见图 6.3-1。

6.3.1.3 算例

某水电站工程，溢流堰为实用堰，弧形闸门控制，堰前行近流速为 2.6m，PMF 洪水下，水库水位 233m，下泄流量 14600m³/s，鼻坎宽 50m，鼻坎坎顶高程 98.466m，下游水位 56m，下游河床高程 37m，鼻坎挑角 15°。下游河床为砂岩和砂岩页岩互层，砂岩块度 0.3m×0.5m×0.8m，砂岩页岩互层块度 0.1m×0.3m×0.4m，抗冲流速 4m/s 左右。计算 PMF 洪水下挑距和冲坑深度。

解：

$$Q=14600\text{m}^3/\text{s},$$
$$h=7.781\text{m},$$
$$H_{库水位}=233\text{m},$$
$$H_{鼻坎}=98.466\text{m},$$
$$v_0=2.6\text{m/s},$$
$$h_2=98.466-56=42.466(\text{m}),$$
$$\theta=15°,$$

下游水深$=56-37=19(\text{m}),$

$$H_0=H_{库水位}-H_{鼻坎}+v_0^2/2g=233-98.466+2.6^2/19.6=134.879(\text{m});$$

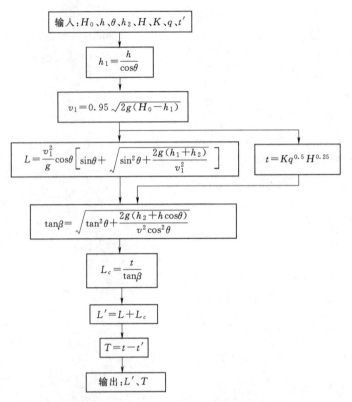

图 6.3 - 1　挑流水舌外缘挑距计算程序框图

$$h_1 = 7.781/\cos15° = 8.055(\text{m}),$$

$$v_1 = 0.95\sqrt{19.6×(134.879-8.055)} = 47.36(\text{m/s}),$$

$$L = \frac{v_1^2}{g}\cos\theta\left[\sin\theta + \sqrt{\sin^2\theta + \frac{2g(h_1+h_2)}{v_1^2}}\right]$$

$$= \frac{47.36^2}{9.8}\cos15°\left[\sin15° + \sqrt{\sin^2 15° + \frac{19.6×(8.055+42.466)}{47.36^2}}\right]$$

$$= 228.874×0.966×(0.259 + \sqrt{0.259^2 + 19.6×0.0225})$$

$$= 214.86(\text{m}),$$

$$\tan\beta = \sqrt{\tan^2\theta + \frac{2g(h_2 + h\cos\theta)}{v^2\cos^2\theta}}$$

$$= [\tan^2 15° + 19.6×(42.466+7.781\cos15°)/(47.36^2\cos^2 15°)]^{0.5}$$

$$= (0.0718 + 0.468)^{0.5} = 0.735,$$

$$\beta = 36.316°,$$

$$L_c = \frac{t}{\tan\beta} = 87.26/0.735 = 118.7(\text{m}),$$

$$L' = 215 + 118.7 = 333.7(\text{m}),$$

$$K = 1.4,$$

$$Q = 14600 \mathrm{m^3/s},$$
$$b = 50 \mathrm{m},$$
$$H_{\pm} = 233 \mathrm{m},$$
$$H_{\mp} = 56 \mathrm{m},$$

下游水深 $t' = 19 \mathrm{m}$，

$$H = H_{\pm} - H_{\mp} = 233 - 56 = 177 (\mathrm{m}),$$
$$t = 1.4 (14600/50)^{0.5} \times 177^{0.25} = 1.4 \times 17.088 \times 3.6475 = 87.26 (\mathrm{m}),$$
$$T = t - 19 = 87.26 - 19 = 68.26 (\mathrm{m})_{\circ}$$

6.3.2　冲刷坑最大水垫深度

冲刷坑最大水垫深度计算见式（6.3-2）：

$$t = Kq^{0.5} H^{0.25} \tag{6.3-2}$$

式中　t——自下游水面至坑底最大水垫深度，m，当 $t < H_2$ 时，t 采用 H_2；

　　　q——鼻坎末端断面单宽流量，$\mathrm{m^3/(s \cdot m)}$，如有水流向心集中影响着，q 按此单宽流量还应乘以流量向心集中系数 C_q，$C_q = \dfrac{R}{R-L}$；

　　　H——上、下游水面差，m；

　　　H_2——下游水深，m；

　　　K——综合冲刷系数，见表 2.3-1。

6.4　跌　流　消　能

6.4.1　跌流射距估算

拱坝跌流消能形式见图 6.4-1。

跌流流射距估算见式（6.4-1）：

$$L_d = 2.3 q^{0.54} Z^{0.19} \tag{6.4-1}$$

式中　L_d——射距，m；

　　　Z——鼻坎至河床高差，m；

　　　q——鼻坎末端断面单宽流量，$\mathrm{m^3/(s \cdot m)}$；如有水流向心集中影响着，q 按此单宽流量还应乘以流量向心集中系数 C_q，$C_q = \dfrac{R}{R-L}$。

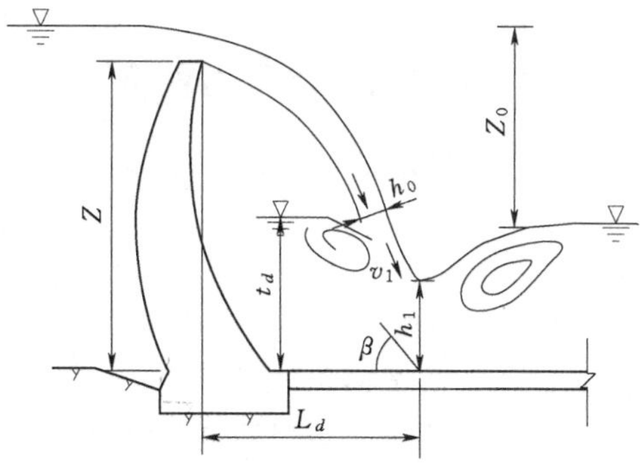

图 6.4-1　拱坝跌流消能示意图

6.4.2　水舌落水点上游水垫深度估算

水垫深度估算见式（6.4-2）：

$$t_d = 0.6q^{0.44}Z^{0.34} \qquad (6.4-2)$$

式中　t_d——水舌落水点上游水垫深度，m；

　　　Z——鼻坎至河床高差，m；

　　　q——鼻坎末端断面单宽流量，$m^3/(s \cdot m)$。

6.4.3　护坦的冲击流速估算

水舌落点上下游有水位差时，护坦冲击流速估算见式（6.4-3）：

$$v_1 = 4.88q^{0.15}Z^{0.275} \qquad (6.4-3)$$

式中　v_1——水舌对护坦的冲击流速，m/s；

　　　q——鼻坎末端断面单宽流量，$m^3/(s \cdot m)$；

　　　Z——鼻坎至河床高差，m。

水舌落点上下游无明显水位差时，估算见式（6.4-4）～式（6.4-6）。

$$v_1 = \frac{2.5v_0}{\sqrt{\dfrac{t_d}{h_0 \sin\beta}}} \qquad (6.4-4)$$

$$\beta = \cos^{-1}\left(\frac{2v_1}{v_0} - 1\right) \qquad (6.4-5)$$

$$v_0 = \varphi\sqrt{2gZ_0} \qquad (6.4-6)$$

式中　h_0——水舌落至水面时的厚度，$h_0 = \dfrac{q}{v}$，m；

　　　β——水舌入射角，按式（6.4-4）～式（6.4-6）联解估算，（°）；

　　　v_0——水舌落至水面时的平均流速，m/s；

　　　Z_0——上下游水位差，m；

　　　t_d——水舌落水点上游水垫深度，m；

　　　φ——流速系数；

　　　g——重力加速度，m/s^2，取 $9.8m/s^2$。

6.4.4　护坦上的动水压力估算

护坦上的动水压力估算见式（6.4-7）：

$$P_d = \frac{\gamma(v_1 \sin\beta)^2}{2g} \qquad (6.4-7)$$

式中　P_d——动水压力强度，kN/m^2；

　　　γ——水的容重，kN/m^3；

　　　v_1——水舌对护坦的冲击流速，m/s；

　　　β——水舌入射角，按式（6.4-4）～式（6.4-6）联解估算，（°）；

　　　g——重力加速度，m/s^2，取 $9.8m/s^2$。

6.4.5　下游无护坦的最大冲坑水垫深度估算

当下游不设置护坦时，最大冲坑水垫深度估算见式（6.4-8）：

$$t = Kq^{0.5}H^{0.25} \tag{6.4-8}$$

式中　t——自下游水面至坑底最大水垫深度，m；

　　　K——冲刷系数，见表 2.3-1，宜取较大值；

　　　q——鼻坎末端断面单宽流量，$m^3/(s \cdot m)$；

　　　H——上、下游水面差，m。

6.5　消 力 池 护 坦

6.5.1　护坦长度计算

（1）收缩断面的弗劳德数 $Fr_1 \geqslant 4.5$，护坦上不设辅助消能设施时，护坦长度计算见式（6.5-1）：

$$L = 6.9(h_2 - h_1) \tag{6.5-1}$$

式中　L——护坦长度，m；

　　　h_1——跃前共轭水深，m；

　　　h_2——跃后共轭水深，m。

（2）当 $Fr_1 > 4.5$，池首断面平均流速 v 大于 16m/s，护坦上可设束流坎及尾坎，但不设消力墩时，消力池长度计算见式（6.5-2）：

$$L = (3.2 \sim 4.3)h_2 \tag{6.5-2}$$

式中　L——护坦长度，m；

　　　h_2——跃后共轭水深，m。

（3）当 $Fr_1 > 4.5$，池首断面平均流速 v 小于 16m/s，护坦上可设束流坎、消力墩及尾坎时，计算见式（6.5-3）：

$$L = (2.3 \sim 2.8)h_2 \tag{6.5-3}$$

式中　L——护坦长度，m；

　　　h_2——跃后共轭水深，m。

6.5.2　消力池计算程序框图

计算程序输入还包括以下参数：

Q——流量，m^3/s；

b——消力池断面宽度，m；

Fr_1——跃前断面弗劳德数；

H_0——计入上游水流行近流速 v_0 以下游收缩断面处为基准面上游水头，m；

E——以下游收缩断面处为基准面的泄水建筑物的水头（不计入上游水流行近流速 v_0），m；

v_1——跃前断面流速，m/s。

6.5.2.1　计算程序框图（见图 6.5-1）

6.5.2.2　算例

某水电工程，水流沿溢流堰进入消力池，消力池进口宽 15m，底板高程 1778m，水

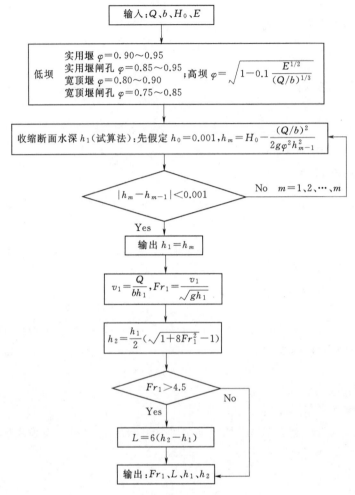

图 6.5 - 1　消力池计算程序框图

库校核水位为 1860.4m，泄流量为 2253m³/s，下游水位 1793.87m，计算护坦长度。

解：

$$Q = 2253 \text{m}^3/\text{s},$$
$$b = 15 \text{m},$$

取 $v_0 = 4 \text{m/s}$，

$$H_0 = 1860.4 + 4^2/19.6 - 1778 = 82.4 + 0.816 = 83.216(\text{m}),$$
$$E = 1860.4 - 1778 = 82.4(\text{m})。$$

按宽顶堰考虑，宽顶堰 $\varphi = 0.80 \sim 0.90$，取 0.8。试算法计算收缩断面水深 h_1。

假定 $h_0 = 6 \text{m}$，

$$h_1 = 83.216 - (2253/15)^2/(19.6 \times 0.8^2 \times 6^2) = 33.258(\text{m});$$

假定 $h_0 = 5 \text{m}$，

$$h_1 = 83.216 - (2253/15)^2/(19.6 \times 0.8^2 \times 5^2) = 11.316(\text{m});$$

假定 $h_0 = 4.8 \text{m}$，

$$h_1 = 83.216 - (2253/15)^2/(19.6 \times 0.8^2 \times 4.8^2) = 5.157(\text{m});$$

假定 $h_0 = 4.788\text{m}$,

$$h_1 = 93.216 - (2253/15)^2/(19.6 \times 0.8^2 \times 4.788^2) = 4.766(\text{m});$$

假定 $h_0 = 4.7885\text{m}$,

$$h_1 = 83.216 - (2253/15)^2/(19.6 \times 0.8^2 \times 4.7885^2) = 4.782(\text{m});$$

$h_0 - h_1 = 4.7885 - 4.782 = 0.0065\text{m}$, 所以 $h_1 = 4.7885\text{m}$;

$$v_1 = \frac{Q}{bh_1} = 2253/(15 \times 4.7885) = 31.367(\text{m/s});$$

$$Fr_1 = \frac{v_1}{\sqrt{gh_1}} = 31.367/(9.8 \times 4.7885)^{0.5} = 4.579;$$

$$h_2 = \frac{h_1}{2}(\sqrt{1+8Fr_1^2} - 1) = (4.7885/2) \times [(1 + 8 \times 4.579^2)^{0.5} - 1] = 2.394 \times 11.99$$
$$= 28.704(\text{m});$$

$$L = (5.9 \sim 6.15)h_2 = 5.9 \times 28.704 = 169.353(\text{m})。$$

6.6　水流空化数估算

水流空化数估算见式（6.6-1）：

$$\sigma = \frac{h_0 + h_d - h_v}{v_0^2/(2g)} \tag{6.6-1}$$

式中　σ——空化数，无量纲；

　　　h_0——计算断面处的动水压力水头，水柱高，m；

　　　h_d——计算断面处的大气压力水头，水柱高，m，对于不同高程按（1.33－∇/ 900）估算，即相对于海平面，每增加高度 900m，较标准大气压力水头降低 1m，∇ 为海平面以上的高程；

　　　h_v——水的汽化压力水头，水柱高，m，对于不同的水温见表 6.6-1。

$v_0^2/(2g)$——计算断面的平均流速水头，m。

表 6.6-1　　　　　　　　水的汽化压力水头与水温的关系

水温/℃	0	5	10	15	20	25	30	40
水柱高 h_v/m	0.06	0.09	0.13	0.17	0.24	0.32	0.43	0.75

第 7 章

渠 道 水 力 学 计 算

渠道水力学计算主要包括农田水利灌排渠道、发电引水动力渠道及通航渠道的计算。

7.1 渠道均匀流水力计算

7.1.1 明渠均匀流水力计算

对于不同型式断面的渠道，均匀流计算见式（7.1-1），矩形断面参数计算见式（7.1-2）～式（7.1-4），梯形断面参数计算见式（7.1-5）～式（7.1-8）：

$$Q = \omega R^{3/2} \sqrt{i} / n \tag{7.1-1}$$

其中　　　　　　　矩形断面　$\omega = bh$ $\tag{7.1-2}$

$$\chi = b + 2h \tag{7.1-3}$$

$$R = bh / (b + 2h) \tag{7.1-4}$$

梯形断面　$\omega = (b + mh)h$ $\tag{7.1-5}$

$$\chi = b + 2h\sqrt{1 + m^2} \tag{7.1-6}$$

$$R = (b + mh)h / (b + 2h\sqrt{1 + m^2}) \tag{7.1-7}$$

$$B = b + mh \tag{7.1-8}$$

式中　Q——流量，$\mathrm{m^3/s}$；

ω——渠道过流断面面积，$\mathrm{m^2}$；

χ——湿周，m；

R——水力半径，m；

B——梯形渠道水面宽度，m；

b——梯形渠道底部宽度或矩形断面宽度，m；

m——边坡系数；

h——水深，m；

i——渠道底坡。

7.1.2 明渠均匀流水力计算程序框图及算例

计算程序中还包括以下参数：

n_z——渠道糙率。

7.1.2.1 计算程序框图（见图7.1-1）

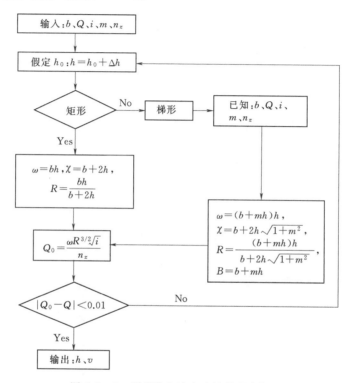

图7.1-1 明渠均匀流水力计算程序框图

7.1.2.2 算例

某灌溉渠道设计流量$10\text{m}^3/\text{s}$，混凝土衬砌，糙率为0.015，初拟底坡0.002，初拟断面矩形，底宽为2m，求断面水深及流速。如果初拟断面为梯形，边坡系数1.25，求水深及流速。

解：

（1）初拟断面为矩形，试算法求h。

先求水力最优断面尺寸：

$$h_m = \left[\frac{2^{8/3} n_z Q}{4(2\sqrt{1+m^2}-m)\sqrt{i}}\right]^{3/8},$$

矩形断面 $h_m = \left(\dfrac{n_z Q}{2^{1/3}\sqrt{i}}\right)^{3/8} = \left(\dfrac{0.015\times10}{2^{1/3}\sqrt{0.002}}\right)^{3/8} = 1.44(\text{m})$，

假定$h=1.44$，

$$A = 2.88\text{m}^2,$$

$$R = \frac{2.88}{2 + 2 \times 1.44} = 0.59(\text{m}),$$

$$Q_i = 3.89 \text{m}^3/\text{s} < 10 \text{m}^3/\text{s};$$

假定 $h = 2.7$,

$$A = 5.4 \text{m}^2,$$

$$R = \frac{5.4}{2 + 2 \times 2.7} = 0.73(\text{m}),$$

$Q_i = 10.04 \text{m}^3/\text{s}$,接近 $10 \text{m}^3/\text{s}$;

$$h = 2.7 \text{m},$$

$$v = \frac{Q}{bh} = \frac{10}{2 \times 2.7} = 1.85(\text{m/s})_{\circ}$$

(2) 初拟断面为梯形,试算法求 h。

$$h_m = \left(\frac{2^{8/3} \times 0.015 \times 10}{4(2\sqrt{1+1.25^2} - 1.25)\sqrt{0.002}} \right)^{3/8} = \left(\frac{0.9524}{7.8062} \right)^{3/8} = 0.454(\text{m}),$$

假定 $h = 0.454 \text{m}$,

$$A = (2 + 1.25 \times 0.454) \times 0.454 = 1.66(\text{m}^2),$$

$$R = \frac{1.66}{2 + 2 \times 0.454\sqrt{1+1.25^2}} = 0.778(\text{m}),$$

$$Q_i = 3.393 \text{m}^3/\text{s} < 10 \text{m}^3/\text{s};$$

假定 $h = 1.1 \text{m}$,

$$\omega = (2 + 1.25 \times 1.1) \times 1.1 = 3.713(\text{m}^2),$$

$$R = \frac{3.713}{2 + 2 \times 1.1\sqrt{1+1.25^2}} = 0.672(\text{m}),$$

$$Q_i = 6.09 \text{m}^3/\text{s} < 10 \text{m}^3/\text{s};$$

假定 $h = 1.5 \text{m}$,

$$\omega = (2 + 1.25 \times 1.5) \times 1.5 = 5.8125(\text{m}^2),$$

$$R = \frac{5.8125}{2 + 2 \times 1.5\sqrt{1+1.25^2}} = 0.8545(\text{m}),$$

$$Q_i = 13.6 \text{m}^3/\text{s} > 10 \text{m}^3/\text{s};$$

假定 $h = 1.3 \text{m}$,

$$\omega = (2 + 1.25 \times 1.3) \times 1.3 = 4.7125(\text{m}^2),$$

$$R = \frac{4.7125}{2 + 2 \times 1.3\sqrt{1+1.25^2}} = 0.7648(\text{m}),$$

$$Q_i = 9.4 \text{m}^3/\text{s} < 10 \text{m}^3/\text{s};$$

假定 $h = 1.33 \text{m}$,

$$\omega = (2 + 1.25 \times 1.33) \times 1.33 = 4.87(\text{m}^2),$$

$$R = \frac{4.87}{2 + 2 \times 1.33\sqrt{1+1.25^2}} = 0.778(\text{m}),$$

$Q_i = 9.96 \mathrm{m^3/s} < 10 \mathrm{m^3/s}$，接近；

$$h = 1.33 \mathrm{m},$$

$$v_0 = \frac{10}{4.87} = 2.05(\mathrm{m/s}).$$

7.2 渠道非均匀流水面线计算

渠道非均匀流的水面线计算，先要确定控制断面和控制水深，然后再根据能量方程计算各个断面的水深和流速。

控制断面是渠道中位置和水深可以确定的断面，又是分析计算和绘制水面曲线的起点，控制断面的水深称控制水深。控制水深小于临界水深时，流态为急流，下游水面扰动不能影响上游水面，因此控制断面是下游水面线的起点。控制水深大于临界水深时，流态为缓流，水面扰动可以向上游水面传递，因此控制断面是上游水面线的起点。堰、闸等泄水或引水建筑物的上游水位一般被抬高，所以堰、闸的上游处断面可以作为上游渠道水面线的控制断面；堰、闸的下游处因泄水或放水需要经常形成收缩断面，其水深通常小于临界水深，可以作为下游渠道水面线的控制断面。在水跌形成处，流态从缓流过渡到急流，可取转折断面水深为临界水深，该断面也是上游缓流和下游急流水面线的控制断面。

7.2.1 明渠非均匀流水面线分段求和法计算

水面线用分段求和法计算见式（7.2-1）和式（7.2-2）：

$$\Delta L_{1-2} = [(h_2\cos\theta + a_2 v_2^2/2g) - (h_1\cos\theta + a_1 v_1^2/2g)]/(i-J) \quad (7.2-1)$$

其中

$$J = n^2 v^2 / R^{4/3} \quad (7.2-2)$$

式中　　ΔL_{1-2}——分段长度，m；

h_1、h_2——分段始、末断面水深，m；

v_1、v_2——分段始、末断面流速，m/s；

a_1、a_2——流速分布不均匀系数，取 1.05；

θ——泄槽底坡角度，(°)；

i——泄槽底坡，$i = \tan\theta$；

J——分段内摩阻坡降；

n——渠道糙率；

v——分段平均流速，$v = (v_1 + v_2)/2$，m/s；

R——分段平均水力半径，$R = (R_1 + R_2)/2$，m；

g——重力加速度，$\mathrm{m/s^2}$，取 $9.8 \mathrm{m/s^2}$。

7.2.2 计算程序框图及算例

计算程序输入还包括以下参数：

Q_c——流量，$\mathrm{m^3/s}$；

A——渠道过流断面面积，$\mathrm{m^2}$；

χ——湿周，m；

B——梯形渠道水面宽度，m；

b_c——梯形渠道底部宽度或矩形断面宽度，m；

m——边坡系数；

h——水深，m；

α——水流流速动力系数，取 1～1.05；

n_z——糙率；

φ——流速系数，一般 0.95 左右；

H_0——计算起始断面渠底以上总水头，m；

L——渠道长，m；

N——计算断面个数；

ζ——掺气水深系数。

7.2.2.1　计算程序框图（见图 7.2-1）

7.2.2.2　算例

某河湖连通工程，布置一渠道将水引至排水闸，渠道全长为 3386m，梯形断面，边坡系数 2.0，底宽 45m，糙率为 0.025，底坡为 1/3000。当过闸流量为 500m³/s 时，闸前水深为 8.95m，计算排水渠道的水面线。

解：

（1）先对水面线做定性分析：

求均匀流水深 h_0，通过试算得 $h_0=3.067$m；

求临界水深 h_k，通过试算进行：

假定 $h_{k0}=2.2$m，

左式 $=\dfrac{\alpha Q_n^2}{g}=\dfrac{1\times 500^2}{9.8}=25510.2$，

右式 $=\dfrac{(b+mh_{kn})^3 h_{kn}^3}{b+2mh_{kn}}=\dfrac{(45+2\times 2.2)^3\times 2.2^3}{45+2\times 2\times 2.2}=23859.79<$左式；

再假定 $h_{k0}=2.248$m，

右式 $=\dfrac{(b+mh_{kn})^3 h_{kn}^3}{b+2mh_{kn}}=\dfrac{(45+2\times 2.248)^3\times 2.248^3}{45+2\times 2\times 2.248}=25513.5$，基本接近左式；

故 $h_k=2.25$m。

因闸前控制水深 $h_1=8.95$m$>h_0>h_k$，故为缓流壅水曲线（a_1 型）。在计算时，逆流逐段计算水面线，水深值应逆流递减，最后渐进于 h_0。

（2）试算法计算水面线：

计算断面数为 7；相邻断面间距均为 $\Delta L_{n-1至n}=3386/6=564.333$（m）；

1-1 断面到 2-2 断面 $\Delta L_{1-2}=564.333$m；

1-1 断面：$h_1=8.95$m，

$$A_1=562.5\text{m}^2，$$

$$v_1=0.89\text{m/s}，$$

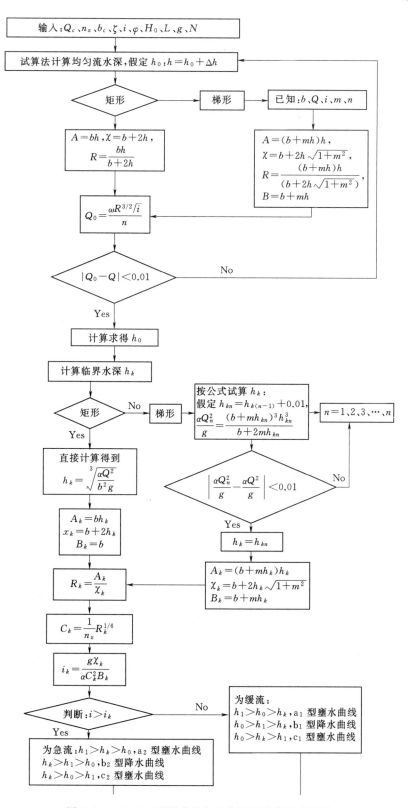

输入：Q_c、n_z、b_c、ζ、i、φ、H_0、L、g、N

试算法计算均匀流水深，假定 h_0：$h = h_0 + \Delta h$

矩形

梯形

已知：b、Q、i、m、n

$$A = bh, \chi = b + 2h,$$
$$R = \frac{bh}{b + 2h}$$

$$A = (b + mh)h,$$
$$\chi = b + 2h\sqrt{1 + m^2},$$
$$R = \frac{(b + mh)h}{(b + 2h\sqrt{1 + m^2})},$$
$$B = b + mh$$

$$Q_0 = \frac{\omega R^{3/2}\sqrt{i}}{n}$$

$|Q_0 - Q| < 0.01$

No

Yes

计算求得 h_0

计算临界水深 h_k

矩形

No

梯形

按公式试算 h_k：
假定 $h_{kn} = h_{k(n-1)} + 0.01$，
$$\frac{\alpha Q_n^2}{g} = \frac{(b + mh_{kn})^3 h_{kn}^3}{b + 2mh_{kn}}$$

$n = 1, 2, 3, \cdots, n$

Yes

直接计算得到
$$h_k = \sqrt[3]{\frac{\alpha Q^2}{b^2 g}}$$

$$\left| \frac{\alpha Q_n^2}{g} - \frac{\alpha Q^2}{g} \right| < 0.01$$

No

Yes

$h_k = h_{kn}$

$$A_k = bh_k$$
$$x_k = b + 2h_k$$
$$B_k = b$$

$$A_k = (b + mh_k)h_k$$
$$\chi_k = b + 2h_k\sqrt{1 + m^2}$$
$$B_k = b + mh_k$$

$$R_k = \frac{A_k}{\chi_k}$$

$$C_k = \frac{1}{n_z} R_k^{1/6}$$

$$i_k = \frac{g\chi_k}{\alpha C_k^2 B_k}$$

判断：$i > i_k$

No

为缓流：
$h_1 > h_0 > h_k$，a_1 型壅水曲线
$h_0 > h_1 > h_k$，b_1 型降水曲线
$h_0 > h_k > h_1$，c_1 型壅水曲线

Yes

为急流：$h_1 > h_k > h_0$，a_2 型壅水曲线
$h_k > h_1 > h_0$，b_2 型降水曲线
$h_k > h_0 > h_1$，c_2 型壅水曲线

图 7.2-1（一）　明渠非均匀流水面线计算程序框图

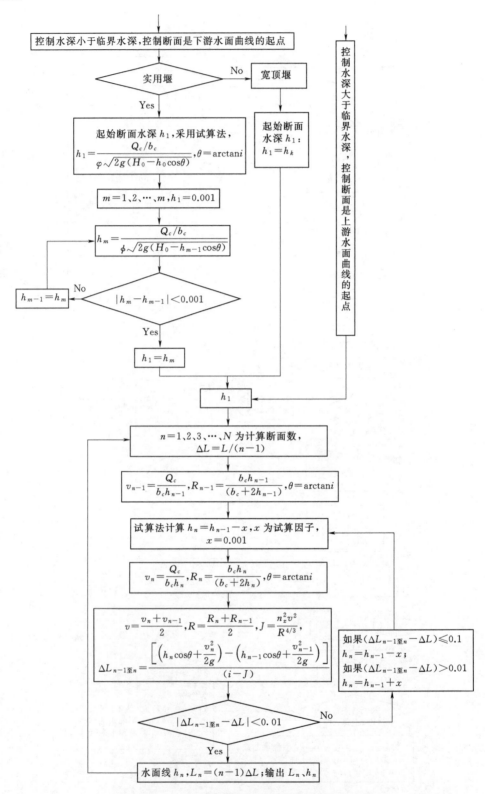

图 7.2-1（二） 明渠非均匀流水面线计算程序框图

$$h_1 + v_1^2/2g = 8.99(\text{m});$$

2-2 断面：

假定 $h_2 = 8.779\text{m}$,

$$A_2 = 549.197\text{m}^2,$$

$$v_2 = 0.91\text{m/s},$$

$$h_2 + v_2^2/2g = 8.821\text{m},$$

$$\overline{v} = \frac{v_2 + v_1}{2} = \frac{0.89 + 0.910}{2} = 0.9(\text{m/s}),$$

$$\chi_1 = 85\text{m},$$

$$R_1 = 6.62\text{m},$$

$$C_1 = 54.9\text{m}^{1/2}/\text{s},$$

$$\chi_2 = 84.256\text{m},$$

$$R_2 = 6.517\text{m},$$

$$C_2 = 54.67\text{m}^{1/2}/\text{s},$$

$$\overline{C} = \frac{C_2 + C_1}{2} = \frac{54.67 + 54.9}{2} = 54.784(\text{m}^{1/2}/\text{s}),$$

$$\overline{R} = \frac{R_2 + R_1}{2} = \frac{6.62 + 6.517}{2} = 6.569(\text{m}),$$

$$\overline{J} = \frac{\overline{v}^2}{\overline{C}^2\overline{R}} = \frac{0.9^2}{54.784^2 \cdot 6.569} = 0.000041,$$

$$\Delta L_{1-2} = \frac{\left(h_n + \frac{v_n^2}{2g}\right) - \left(h_{n-1} + \frac{v_{n-1}^2}{2g}\right)}{i - J} = \frac{8.99 - 8.821}{1/3000 - 0.000041} = 578.11(\text{m}) > 564.333\text{m},$$

计算 $h_2 = 8.779\text{m}$。

同理计算：$h_3 = 8.691\text{m}$、$L_3 = (3-1)\Delta L_{2-3} = 1128.66\text{m}$;

$h_4 = 8.454\text{m}$、$L_4 = (4-1)\Delta L_{3-4} = 1692.99\text{m}$;

$h_5 = 8.292\text{m}$、$L_5 = (5-1)\Delta L_{4-5} = 2257.33\text{m}$;

$h_6 = 8.132\text{m}$、$L_6 = (6-1)\Delta L_{5-6} = 2821.66\text{m}$;

$h_7 = 7.97\text{m}$、$L_7 = (7-1)\Delta L_{6-7} = 3386\text{m}$。

以此类推，求出排水渠道的水面线。

第8章

水电站压力管道水力学计算

8.1 经济管径的计算

8.1.1 经济管径的计算公式

压力管道一般分为明钢管、地下埋管及坝内埋管几种。钢管的经济直径计算见式（8.1-1）：

$$D=\sqrt{\frac{4Q_{max}}{\pi v_e}} \tag{8.1-1}$$

式中　D——管道直径，m；

　　　Q_{max}——管道中的最大设计流量，m^3/s；

　　　v_e——管道经济流速，m/s。

对明管和地下埋管，作用水头为100～300m，经济流速一般为4～6m/s；对于坝内埋管，作用水头30～70m，经济流速一般为3～6m/s；水头70～150m，经济流速为5～7m/s；水头150m以上，经济流速大于7m/s。

压力管道水力学计算包括水头损失计算和水锤计算。规范要求，钢管顶部至少应在最低压力线以下2m。

8.1.2 计算程序框图及算例

8.1.2.1 计算程序框图（见图8.1-1）

8.1.2.2 算例

某水电站发电引水管道为压力钢管，单管最大流量为579.76m^3/s，设计水头为66m，v_e为水电站压力钢管经济流速，取5.5m/s，初拟管道经济直径。

解：

$$v_e=5.5m/s,$$
$$Q_{max}=579.76m^3/s,$$
$$D=\sqrt{\frac{4Q_{max}}{\pi v_e}}=\sqrt{\frac{4\times579.76}{3.14\times5.5}}=11.6(m);$$

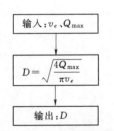

图8.1-1　压力管道经济管经计算程序框图

管道经济直径取 11.5m。

8.2 水头损失的计算

8.2.1 水头损失计算公式

水头损失计算见式（8.2-1），对于圆形管道见式（8.2-2）～式（8.2-4）：

$$h_{w1-2} = \sum h_{沿} + \sum h_{局} \tag{8.2-1}$$

$$h_{沿} = f \frac{L}{D} \frac{v^2}{2g} \tag{8.2-2}$$

$$C = \sqrt{\frac{8g}{f}} \tag{8.2-3}$$

$$h_{局} = \xi \frac{v^2}{2g} \tag{8.2-4}$$

式中　h_{w1-2}——管道 1-1 断面至 2-2 断面之间的总水头损失，m；

　　　$h_{沿}$——沿程水头损失，m；

　　　$h_{局}$——局部水头损失，m；

　　　L——管道的长度，m；

　　　D——管道的直径，m；

　　　v——管道流速，m/s；

　　　g——重力加速度，m/s^2，取 9.8m/s^2；

　　　C——谢才系数，m$^{1/2}$/s；

　　　f——相应于圆形管道的沿程阻力系数；

　　　ξ——局部水头损失系数。

8.2.2 沿程水头损失计算公式

沿程水头损失计算通常用式（8.2-5）～式（8.2-7）来计算：

$$h_{沿} = \frac{v^2}{C^2 R} L \tag{8.2-5}$$

其中

$$C = \frac{1}{n} R^{\frac{1}{6}} \tag{8.2-6}$$

$$h_{沿} = \frac{n^2 v^2}{R^{4/3}} L \tag{8.2-7}$$

式中　L——管道的长度，m；

　　　v——管道的平均流速，m/s；

　　　R——管道的水力半径，m；

　　　$h_{沿}$——沿程水头损失，m；

　　　C——谢才系数，m$^{1/2}$/s；

　　　n——压力管道糙率，见表 8.2-1。

表 8.2 - 1 压力管道糙率 n 值

管 道 材 料	n		
	$n_{\min}$	n_{mid}	$n_{\max}$
1. 有机玻璃管	0.008	0.009	0.010
2. 钢管			
(1) 纵缝和横缝焊接	0.011	0.012	0.0125
(2) 纵缝焊接，横缝铆接	0.0115	0.013	0.014
(3) 水泥管	0.010	0.011	0.013
3. 混凝土管和钢筋混凝土管			
(1) 钢模板，施工质量好，接缝平滑	0.012	0.013	0.014
(2) 光滑木模板，施工质量好，接缝平滑	—	0.013	—
(3) 光滑木模板，施工质量好	0.012	0.014	0.016

8.2.3 局部水头损失系数

局部水头损失系数 ξ 见表 8.2 - 2。

表 8.2 - 2 局部水头损失系数 ξ 值

序号	部位	形 状	局部水头损失系数		备 注
1	进水口		直角	$\xi = 0.50$	v—管道均匀段流速
			切角	$\xi = 0.25$	
			角稍加修圆	$\xi = 0.20$	
			喇叭型	$\xi = 0.10$	
			流线型	$\xi = 0.05 \sim 0.06$	
2	断面突扩		$\xi = \left(1 - \dfrac{\omega_1}{\omega_2}\right)^2$		v—进入突扩前管道流速； ω_1—进入突扩段前管道面积； ω_2—进入突扩段后管道面积
3	断面突缩		$\xi = 0.5\left(1 - \dfrac{\omega_2}{\omega_1}\right)$		ω_1—进入突缩段前管道面积； ω_2—进入突缩段后管道面积； v—进入突缩后管道流速

序号	部位	形 状	局部水头损失系数		备 注
4	出水口		流入水库	$\xi=1.0$	v—流入水库或明渠前管道流速; ω_1—进入明渠前管道面积; ω_2—进入明渠后渠道面积
			流入明渠	$\xi=\left(1-\dfrac{\omega_1}{\omega_2}\right)^2$	
5	圆形渐扩段		$\xi=k\left(\dfrac{\omega_2}{\omega_1}-1\right)^2$ 其中,k 见表 8.2-3		ω_1—进入渐扩段前管道面积; ω_2—进入渐扩段后管道面积
6	圆形渐缩管		$\xi=k_1 k_2$ 其中,k_1、k_2 见表 8.2-4 和表 8.2-5		ω_1—进入渐缩段前管道面积; ω_2—进入渐缩段后管道面积; v—渐缩段后管道流速
7	矩形变圆形渐缩管		$\xi=0.05$		v—管道渐变段平均流速
8	圆形变矩形渐缩管		$\xi=0.10$		v—管道渐变段平均流速
9	拦污栅		$\xi=\beta\left(\dfrac{s}{b}\right)^{4/3}\sin\alpha$ 其中,不同形状拦污栅 β 值见表 8.2-6		s—栅条宽度; b—栅条间距; α—倾角; β—栅条形状系数

序号	部位	形 状	局部水头损失系数	备 注
10	门槽		$\xi=0.05\sim0.20$	v—门槽后断面平均流速
11	圆形缓弯管		$\xi=\left[0.131+0.1632\left(\dfrac{D}{R}\right)^{7/2}\right]\left(\dfrac{\theta}{90^\circ}\right)^{1/2}$	D—洞径; R—弯道半径; θ—弯道转角; v—管道流速
12	圆形急弯管		$\xi=0.946\sin^2\left(\dfrac{\theta}{2}\right)+2.05\sin^4\left(\dfrac{\theta}{2}\right)$ 其中, θ 与 ξ 关系见表 8.2－7	D—洞径; θ—弯道转角; v—管道流速
13	蝶阀		ξ 与 α 关系见表 8.2－8	v—管道流速; α—开度

表 8.2－3 α 和 k 的关系表

α	8°	10°	12°	15°	20°	25°
k	0.14	0.16	0.22	0.30	0.42	0.62

表 8.2－4 α 和 k_1 的关系表

α	10°	20°	40°	60°	80°	100°	140°
k_1	0.40	0.25	0.20	0.20	0.30	0.40	0.60

表 8.2－5 ω_2/ω_1 和 k_2 的关系表

ω_2/ω_1	0	0.10	0.20	0.30	0.40	0.50	0.60	0.70	0.80	0.90	1.0
k_2	0.41	0.40	0.38	0.36	0.34	0.30	0.27	0.20	0.16	0.10	0

表 8.2－6   不同形状拦污栅 β 值

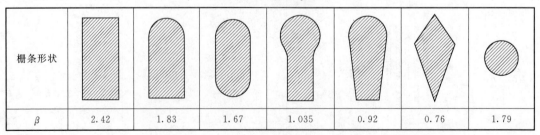

栅条形状							
β	2.42	1.83	1.67	1.035	0.92	0.76	1.79

表 8.2 - 7   θ 与 ξ 关 系 表

θ	15°	30°	45°	60°	90°	120°
ξ	0.022	0.073	0.183	0.365	0.99	1.86

表 8.2 - 8   ξ 与 α 关 系 表

α	5°	10°	15°	20°	25°	30°	35°	40°
ξ	0.24	0.52	0.90	1.54	2.51	3.91	6.22	10.80
α	45°	50°	55°	60°	65°	70°	75°	80°
ξ	18.70	32.60	58.80	118.00	256.00	751.00	0	

8.2.4 圆形管道水头损失计算程序框图及算例

计算程序输入还包括以下参数：

Q——流量，m^3/s；

n_z——糙率；

h——管道起始断面之间的总水头损失，m。

8.2.4.1 计算程序框图（见图 8.2 - 1）

8.2.4.2 算例

某水电站单机过流量 $579.76 m^3/s$，压力钢管直径 11.5m，钢管糙率 0.012，进水口长度 46.8m，钢管从渐变段末端到厂房蜗壳中心处 263.10m，局部水头损失系数见表 8.2 - 9 和表 8.2 - 10，求总水头损失。

解：

$$Q = 579.76 m^3/s,$$

$$D = 11.5 m,$$

$$n = 0.012,$$

$$L = 263.1 m,$$

$$R = \frac{D}{4} = 11.5/4 = 2.875(m),$$

$$v = 579.76/(3.14 \times 11.5^2/4) = 5.584(m/s),$$

$$h_{沿} = \frac{n^2 v^2}{R^{4/3}} L = \frac{0.012^2 \times 5.584^2}{2.875^{4/3}} \times (46.8 + 263.1) = 0.34(m),$$

$$h_{局} = \xi \frac{v^2}{2g} = (0.10 + 0.0432 + 0.1 + 0.05 + 0.2 + 0.05 + 0.05 + 0.18) \times 5.584^2/19.6$$

$$= 1.23(m),$$

$$h = h_{沿} + h_{局} = 0.34 + 1.23 = 1.574(m)。$$

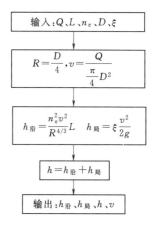

输入：Q、L、n_z、D、ξ

$$R = \frac{D}{4}, v = \frac{Q}{\frac{\pi}{4} D^2}$$

$$h_{沿} = \frac{n_z^2 v^2}{R^{4/3}} L \quad h_{局} = \xi \frac{v^2}{2g}$$

$$h = h_{沿} + h_{局}$$

输出：$h_{沿}$、$h_{局}$、h、v

图 8.2 - 1　圆形管道水头损失
计算程序框图

表 8.2 - 9   进水口局部水头损失系数

部位	入口	拦污栅	门槽	渐变段	快速门槽
局部水头损失系数	0.10	0.0432	0.10	0.05	0.20

表 8.2 - 10   钢管段局部水头损失系数

部位	弯管段	渐变段	蜗壳连接段
局部水头损失系数	0.05	0.05	0.18

8.3 水 锤 计 算

8.3.1 计算要求

水锤计算是根据电站及电力系统运行情况确定计算工况。

8.3.1.1 正常运行情况最高压力计算

(1) 钢管水锤压力计算，相应于水库或压力前池正常蓄水位，仅由钢管供水的全部机组突然丢弃全负荷。

(2) 调压室或压力前池最高涌浪压力计算，相应于水库正常蓄水位，经由该调压室或压力前池供水的全部机组突然丢弃全负荷。钢管水锤的最高压力与调压室或压力前池最高涌浪如可能重叠，尚应考虑其相遇效应。

(3) 对电站运行情况研究后，认为不可能同时丢弃全部负荷，则可按丢弃部分负荷计算。对于单机单管的情况，要计算可能的小开度下丢弃负荷的水锤压力。

8.3.1.2 特殊运行情况最高压力计算

丢弃负荷条件同上，相应于水库或压力前池最高发电水位。

8.3.1.3 最低压力计算

(1) 钢管水锤压力计算，相应于水库或压力前池死水位，经由该钢管供水的全部机组处于一台机组未带负荷，其余机组都在满发的工况时，这一台机组由空转增荷至满发。

(2) 如电力系统有特殊运行要求，可根据情况，确定增荷幅度。

8.3.2 水锤计算方程

8.3.2.1 基本方程

水锤压力方程见式 (8.3 - 1)～式 (8.3 - 3)：

$$H - H_0 = \phi\left(t - \frac{x}{c}\right) + F\left(t + \frac{x}{c}\right) \tag{8.3 - 1}$$

$$v - v_0 = -\frac{g}{c}\left[\phi\left(t - \frac{x}{c}\right) - F\left(t + \frac{x}{c}\right)\right] \tag{8.3 - 2}$$

其中

$$c = \frac{\sqrt{E_w g / \gamma}}{\sqrt{1 + 2E_w / kr}} \tag{8.3 - 3}$$

$$r = D/2$$

式中 $\phi\left(t-\dfrac{x}{c}\right)$——向上游传递的压力波，称正向波函数；

$F\left(t+\dfrac{x}{c}\right)$——向下传递的压力波，称反向波函数；

v——管道中的流速（向下游为正），m/s；

v_0——初始水流速，m/s；

H——压力水头，m；

H_0——净水头，m；

x——距离，m，取管道末端阀门为原点，向上游为正；

t——时间，s；

g——重力加速度，m/s²，取 9.8m/s²。

c——水锤波在管道中的传播速度；

E_w、γ——水的体积弹性模量和容重，一般情况下，$E_w=2.0\times10^4\mathrm{kg/cm^2}$、$\gamma=0.001\mathrm{kg/cm^3}$；

r——管道的半径，m；

D——管道的直径，m；

k——抗力系数。

抗力系数 k 的确定：

（1）薄壁管，指管壁厚度小于 1/20 管径的明管。抗力系数计算见式（8.3-4）：

$$k=\frac{E_s\delta_s}{r^2} \tag{8.3-4}$$

式中 E_s、δ_s——管材的弹性模量和管壁厚度，钢材 $E_s=2.1\times10^6\mathrm{kg/cm^2}$，对于薄钢管，$c=800\sim1200\mathrm{m/s}$，取 1000m/s。

（2）加箍的钢管，指箍管和有加劲环的钢管。抗力系数计算见式（8.3-5）：

$$k=\frac{E_s}{r^2}\left(\delta_0+\frac{F}{L}\right) \tag{8.3-5}$$

式中 δ_0——管壁的实际厚度，m；

F——箍的截面积，m²；

L——箍沿管轴的中心距，m。

其余符号同前。

（3）厚壁管，指管壁厚度大于 1/20 管径的管道。抗力系数计算见式（8.3-6）：

$$kr=E\frac{r_2^2-r_1^2}{r_1^2+r_2^2} \tag{8.3-6}$$

式中 r_1、r_2——管道的内半径和外半径，m；

E——管材的弹性模量，kg/cm²。

其余符号同前。

（4）钢筋混凝土管，抗力系数计算见式（8.3-7）：

$$k=\frac{E_c}{r^2}\left(\delta+\frac{E_s}{E_c}f\right) \tag{8.3-7}$$

式中 E_s、E_c——钢筋和混凝土的弹性模量，kg/cm^2；

   f——每厘米长管壁中钢筋的截面积，cm^2；

   δ——管壁厚度，cm；

其余符号同前。

（5）坚硬岩石中的不衬砌隧洞，抗力系数计算见式（8.3-8）：

$$k = \frac{100k_0}{r} = \frac{E_r}{(1+\mu_r)r}$$ （8.3-8）

式中 k_0——围岩中的单位抗力系数；

   E_r——围岩的弹性模量，kg/cm^2；

   μ_r——围岩中的泊松比，计算水锤波速时，一般可以略去不计。

（6）埋藏式钢管，抗力系数计算见式（8.3-9）：

$$k = k_s + k_c + k_f + k_r$$ （8.3-9）

式中 k_s——钢衬的抗力系数；

   k_c——混凝土垫层的抗力系数；

   k_f——环向钢筋的抗力系数；

   k_r——围岩的抗力系数。

8.3.2.2 水锤计算的解析法

1. 直接水锤

当水轮机开度的调节时间小于水锤波在管道中传播一个来回的历时，水管进口水锤的反射波到达水管末端之前开度变化已经结束，这种现象叫直接水锤，有 $T_s \leqslant t_r = \frac{2L}{c}$，$T_s$ 为有效开阀时间，t_r 为水锤波在钢管中来回传播一次所用的时间，L 为管道长度。水锤压力方程见式（8.3-10），若水电站丢弃全负荷时，水锤压力方程简化为式（8.3-11）：

$$H - H_0 = \frac{c}{g}(v - v_0)$$ （8.3-10）

$$\Delta H = H - H_0 = \frac{cv_0}{g}$$ （8.3-11）

式中 v_0——初始水流速，m/s；

   ΔH——水锤压强；

   c——水锤波速，m/s；

   H_0——静水头，m；

   g——重力加速度，m/s^2，取 $9.8m/s^2$。

   v——管道中的流速（向下游为正），m/s。

2. 间接水锤（$T_s > t_r$）

如果水轮机开度的调节时间大于水锤波在管道中传播一个来回的历时，则在开度变化终了前水管进口的反射波已到达水管末端并发生再反射，水管末端的水锤压强是传向上游的正向波和返回水管末端的反向波叠加结果，这种现象叫间接水锤。对于开度依直线规律变化的水锤，只要判断是第 1 相水锤还是第 2 相水锤，可以直接求出最大水锤压强。

（1）第 1 相水锤。发生第 1 相水锤的条件是 $\rho\tau_0 < 1$，对于丢弃满负荷情况 $\tau_0 = 1$，是高水头电站水锤的特征，见式（8.3-12）～式（8.3-15）。

管道的特征系数：

$$\rho = \frac{cv_{\max}}{2gH_0} \tag{8.3-12}$$

水锤的特征系数：

$$\sigma = \frac{Lv_{\max}}{gH_0T_s} \tag{8.3-13}$$

水锤压力简便计算公式：

$$\zeta_1 = \frac{2\sigma}{1 + \rho\tau_0 - \sigma} \tag{8.3-14}$$

$$\eta_1 = \frac{2\sigma}{1 + \rho\tau_0 + \sigma} \tag{8.3-15}$$

其中

$$\zeta_1 = \frac{H - H_0}{H_0}$$

$$\eta_1 = \frac{H_0 - H}{H_0}$$

式中　ρ——管道的特征系数；

ζ_1——第 1 相水锤的相对升压强；

η_1——第 1 相水锤的相对降压强；

c——水锤波速，m/s；

T_s——有效开阀时间，$T_s \approx 0.7T_z$，s；

$v_{\max}$——管道中水流的最大流速，m/s；

σ——水锤的特征系数；

H_0——静水头，m；

L——管道长度，m；

g——重力加速度，m/s^2，取 9.8m/s^2；

τ_0——孔口相对开度。

（2）极限水锤。发生极限水锤的条件是 $\rho\tau_0 > 1$，极限水锤是低水头电站水锤的特征。水锤压力简便计算见式（8.3-16）和式（8.3-17）。

$$\zeta_m = \frac{2\sigma}{2 - \sigma} \tag{8.3-16}$$

$$\eta_m = \frac{2\sigma}{2 + \sigma} \tag{8.3-17}$$

其中

$$\zeta_m = \frac{H - H_0}{H_0}$$

$$\eta_m = \frac{H_0 - H}{H_0}$$

式中　ζ_m——极限水锤的相对升压强；

η_m——极限水锤的相对降压强；

H_0——静水头；

σ——水锤的特征系数。

如果水锤压力不超过静水头的 50%，用式（8.3-14）～式（8.3-17）计算的水锤压力带来的误差是容许的，但误差随水锤相对压力的增加而增加。

8.3.2.3 计算程序框图及算例

1. 水锤波速 c 计算

（1）计算程序框图（见图 8.3-1）。

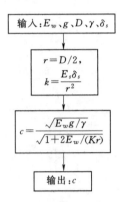

图 8.3-1 水锤波速计算程序框图

（2）算例。

某水电站压力钢管，壁厚 3cm，直径 11.5m，水重度 0.001kg/cm³，水的体积弹性模量 $2.1\times10^4\,cm^2$，抗力系数 $k=\dfrac{E_s\delta_s}{r^2}$，其中钢材 $E_s=2.1\times10^6\,kg/cm^2$，求水锤波速。

解：
$$E_w=2.0\times10^4\,kg/cm^2,$$
$$\gamma=0.001kg/cm^3,$$
$$\delta_s=3cm,$$
$$g=980cm/s^2,$$
$$D=1150cm,$$
$$E_s=2.1\times10^6\,kg/cm^2,$$
$$k=\frac{E_s\delta_s}{r^2}=(2.1\times10^6\times3)/(1150/2)^2=19.055;$$
$$c=\frac{\sqrt{E_wg/\gamma}}{\sqrt{1+2E_w/(Kr)}}=\frac{\sqrt{2.0\times10^4\times980/0.001}}{\sqrt{1+2\times2.0\times10^4/(19.055\times1150/2)}}=140000/2.157$$
$$=61904.961(cm/s)=619.05m/s。$$

2. 管道特征系数 ρ 计算

（1）计算程序框图（见图 8.3-2）。

（2）算例。

某水电站单机最大流量为 579.76m³/s，管道直径 11.5m，最大工作水头 73.4m，求管道的特征系数。

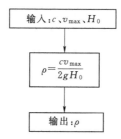

图 8.3 - 2 管道特征系数 ρ 计算程序框图

解：

$$c = 619.05\text{m/s},$$
$$v_{\max} = 5.584\text{m/s},$$
$$H_0 = 73.4\text{m},$$

$$\rho = \frac{c v_{\max}}{2 g H_0} = 619.05 \times 5.584 / (19.6 \times 73.4) = 2.4028_{\circ}$$

3. 水锤的特性参数 σ 计算

(1) 计算程序框图（见图 8.3 - 3）。

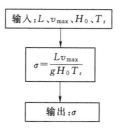

图 8.3 - 3 水锤的特性参数 σ 计算程序框图

(2) 算例。

某水电站单机最大流量为 579.76m³/s，管道直径 11.5m，最大工作水头 73.4m，进水口长度 46.8m，最长的 1 号管道长度 263.1m，水轮机有效关闭时间 11s，求水锤的特征系数。

解：

$$L = (46.8 + 263.1) = 309.9(\text{m}),$$
$$v_{\max} = 5.584\text{m/s},$$
$$H_0 = 73.4\text{m},$$
$$T_s = 11\text{s},$$

$$\sigma = \frac{L v_{\max}}{g H_0 T_s} = 309.9 \times 5.584 / (9.8 \times 73.4 \times 11) = 0.2187_{\circ}$$

4. 直接水锤和间接水锤的判断

(1) 计算程序框图（见图 8.3 - 4）。

(2) 算例。

某水电站单机最大流量为 $579.76\text{m}^3/\text{s}$，进水口长度 46.8m，最长的 1 号管道长度 263.1m，水轮机有效关闭时间 11s，发生直接水锤还是间接水锤。

解：
$$c=619.05\text{m/s},$$
$$L=(46.8+263.1)=309.9(\text{m}),$$
$$T_s=11\text{s},$$
$$t_r=\frac{2L}{c}=2\times309.9/619.05=1.0012(\text{s})<T_s=11\text{s}。$$

说明导叶从全开到全关所经历的时间 $T_s=11\text{s}>t_r=1.0012$，所以，钢管内发生间接水锤。

5. 直接水锤计算

（1）计算程序框图（见图 8.3-5）。

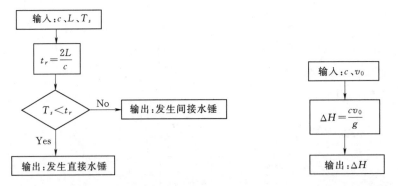

图 8.3-4　水锤类型的判断计算程序框图　　图 8.3-5　直接水锤计算程序框图

（2）算例。

某水电站单机最大流量为 $579.76\text{m}^3/\text{s}$，管道直径 11.5m，最大工作水头 73.4m，如果发生水轮机关闭时间小于一个水锤波的时间 $T_s=0.8\text{s}$，$T_s<t_r=1.0012\text{s}$ 则发生直接水锤，计算水锤压力 ΔH。

解：
$$T_s<t_r=c=619.05\text{m/s},$$
$$v_0=5.584\text{m/s},$$
$$\Delta H=\frac{cv_0}{g}=619.05\times5.584/9.8=352.73(\text{m})。$$

6. 间接水锤计算

（1）计算程序框图（见图 8.3-6）。

（2）算例。

某水电站单机最大流量为 $579.76\text{m}^3/\text{s}$，管道直径 11.5m，最大工作水头 73.4m，导叶关闭时间 $T_s=11\text{s}>t_r=0.85\text{s}$，发生间接水锤。机组全增负荷，导叶由全关到全开，$\tau_0=0$，判断发生水锤类型，计算间接水锤压力。机组甩负荷，导叶右全开到全关，$\tau_0=1$，判断发生类型，计算间接水锤压力。

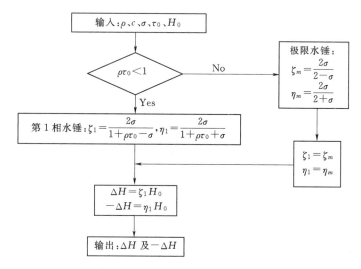

图 8.3-6　间接水锤计算程序框图

解:

$$H_0 = 73.4 \text{m},$$

$$\rho = 2.4028,$$

$$c = 619.05 \text{m/s},$$

$$\sigma = 0.2187,$$

(1) 机组全增负荷导叶由全关到全开 $\tau_0 = 0$，$\rho\tau_0 < 1$ 发生第 1 相水锤:

$$\zeta_1 = \frac{2\sigma}{1 + \rho\tau_0 - \sigma} = 2 \times 0.2187/(1 + 2.4028 \times 0 - 0.2187) = 0.56,$$

$$\eta_1 = \frac{2\sigma}{1 + \rho\tau_0 + \sigma} = 2 \times 0.2187/(1 + 2.4028 \times 0 + 0.2187) = 0.359,$$

正水锤 $\eta_1 = \eta_m = 0.56 \times 73.4 = 41.104$(m)，

负水锤 $-\Delta H = \eta_1 H_0 = 0.359 \times 73.4 = 26.35$(m)。

(2) 机组甩负荷导叶由全开到全关 $\tau_0 = 1$，$\rho\tau_0 = 2.4028 \times 1 = 2.4028 > 1$ 发生极限水锤:

$$\zeta_m = \frac{2\sigma}{2 - \sigma} = 2 \times 0.2187/(2 - 0.2187) = 0.246,$$

$$\eta_m = \frac{2\sigma}{2 + \sigma} = 2 \times 0.2187/(2 + 0.2187) = 0.197,$$

正水锤 $\eta_1 = \eta_m = 0.246 \times 73.4 = 18.06$(m)，

负水锤 $-\Delta H = \eta_1 H_0 = 0.197 \times 73.4 = 14.47$(m)。

(3) 同上计算方法，可以计算工况为设计水头 $H_p = 66.00$m 和最小水头 $H_{\min} = 59.20$m 时，机组满发情况下突然甩掉全负荷，以及机组由空转状态突然增加至满发时的水锤压力。

第 9 章

城镇供水长距离输水管（渠）道水力学计算

距离超过 10km 的用管（渠）道输送原水、清水的建设工程称为长距离供水工程，一般包括输水管（渠）道、加压泵站、管道穿越障碍物措施、附属设施和管道附件等内容。管道附属设施包括调节水池、调压井（塔）、阀门井、仪表井、进气排气阀井、泄水井、管道支墩等构筑物。管道附件包括检修阀门、泄水阀、进气排气阀、减压阀、调流阀、伸缩器、流量计、压力表等管道和计量仪表专用设备和部件。管道配件包括弯管、三通、四通、异径接头等配件。

从水源至城镇净水厂的长距离输水管（渠）道的设计流量，应按照净水厂最高日平均时供水量加输水管（渠）道的漏失水量和净水厂自用水量确定。从净水厂向配水管网输送清水的长距离输水管道的设计流量，应按照在最高日最高时用水条件下，净水厂的送水量确定。具备消防给水功能的输水管（渠）道，应包括消防用水补充流量或消防流量。

长距离压力输水管的管径应根据技术经济比较确定，可采用经济管径公式计算或采用界限流量法，压力输水管道的设计流速不宜大于 3m/s，不宜小于 0.6m/s。长距离重力输水管（渠）道断面应根据输水量、输水距离、地形高差、管（渠）道材料计算确定。界限流量是指供应于某一地区某种管材的管道工程造价和电度费，每种市售管径均存在一个流量范围，当供水管道设计流量介于该流量范围时，选用该流量范围对应的管径的设计方案可以使工程年费用折算值比选用其他管径的设计方案低，即工程最经济，该流量范围即为该管径的界限流量。

9.1 管（渠）道总水头损失

9.1.1 管（渠）道总水头损失的计算

管（渠）道总水头损失的计算见式（9.1-1）：

$$h_z = h_y + h_j \qquad (9.1-1)$$

式中　h_z——管（渠）道总水头损失，m；

　　　　h_y——管（渠）道沿程水头损失，m；

　　　　h_j——管（渠）道局部水头损失，m。

9.1.2　计算程序框图及算例

9.1.2.1　计算程序框图（见图9.1-1）

9.1.2.2　算例

某供水工程，管道长135km，设计流量为0.07m³/s，经济流速1.0m/s，经济管径0.3m，管道沿程水头损失为365.8m，局部水头损失为36.58m，计算管道总水头损失。

解：

$$h_y = 365.8\mathrm{m},$$

$$h_j = 36.58\mathrm{m},$$

$$h_z = h_y + h_j = 365.8 + 36.58 = 402.38(\mathrm{m})。$$

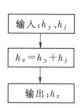

图9.1-1　管（渠）道总水头损失计算程序框图

9.2　管（渠）道沿程水头损失

9.2.1　塑料管

9.2.1.1　沿程水头损失的计算

塑料管包含硬聚氯乙烯管、聚炳乙烯管、聚乙烯管，其水头损失见式（9.2-1）～式（9.2-3）。

$$h_y = \lambda \frac{l}{d} \frac{v^2}{2g} \tag{9.2-1}$$

其中

$$\lambda = \frac{0.25}{Re^{0.226}} \tag{9.2-2}$$

$$Re = \frac{vd}{\nu} \tag{9.2-3}$$

式中　h_y——管道沿程水头损失，m；

　　　λ——沿程阻力系数；

　　　Re——雷诺数；

　　　ν——水的运动黏滞系数，取$1.31 \times 10^{-2}\mathrm{cm}^2/\mathrm{s}$；

　　　l——管道计算长度，m；

　　　d——管道计算内径，m；

　　　v——管道断面水流平均流速，m/s；

　　　g——重力加速度，m/s²，取9.8m/s²。

9.2.1.2　计算程序框图（见图9.2-1）

9.2.1.3　算例

某供水工程，管道长135km，设计流量为0.07m³/s，经济流速1.0m/s，经济管径0.3m，计算管道沿程水头损失。

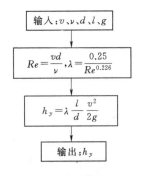

图 9.2-1 塑料管沿程水头
损失计算程序框图

解：

$$v = 1.0\,\text{m/s},$$

$$\nu = 1.31 \times 10^{-2}\,\text{cm}^2/\text{s} = 1.31 \times 10^{-6}\,\text{m}^2/\text{s},$$

$$d = 0.3\,\text{m},$$

$$l = 135000\,\text{m};$$

$$Re = \frac{vd}{\nu} = 1 \times 0.3/(1.31 \times 10^{-6}) = 229007.6,$$

$$\lambda = \frac{0.25}{Re^{0.226}} = 0.25/229007.6^{0.226} = 0.01537;$$

$$h_y = \lambda \frac{l}{d} \frac{v^2}{2g} = 0.01537 \times 135 \times 10^3 \times 1^2/(19.6 \times 0.3)$$

$$= 352.83\,(\text{m})_\circ$$

9.2.2 混凝土管（渠）及采用水泥砂浆内衬的金属管道

9.2.2.1 沿程水头损失的计算

混凝土管（渠）及采用水泥砂浆内衬的金属管道水头损失计算见式（9.2-4）：

$$i = \frac{h_y}{l} = \frac{v^2}{C^2 R} \qquad (9.2-4)$$

式中 h_y——管道沿程水头损失，m；

　　　i——管道单位长度的水头损失（水力坡降）；

　　　C——流速系数，$C = \frac{1}{n}R^y$；管道计算时 $y = 1/6$，$C = \frac{1}{n}R^{\frac{1}{6}}$；当 $0.1 \leqslant R \leqslant 3.0$，

　　　　$0.011 \leqslant n \leqslant 0.040$ 时，$y = 2.5\sqrt{n} - 0.13 - 0.75\sqrt{R}(\sqrt{n} - 0.1)$；

　　　R——水力半径，m；

　　　v——管道断面水流平均流速，m/s；

　　　l——管道计算长度，m。

9.2.2.2 计算程序框图（见图 9.2-2）

计算程序中还需参数：

　　　d——管道计算内径，m；

　　　n_z——管（渠）道糙率。

9.2.2.3 算例

某供水工程，管道长 135km，设计流量为 $0.07\,\text{m}^3/\text{s}$，经济流速 1.0m/s，经济管径 0.3m，计算管道沿程水头损失。

解：

$$v = 1.0\,\text{m/s},$$

$$l = 135000\,\text{m},$$

$$d_j = 0.3\,\text{m},$$

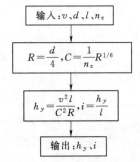

图 9.2-2 混凝土管（渠）及采用
水泥砂浆内衬的金属管道水头
损失计算程序框图

取 $n_z = 0.009$；

$$R = \frac{d}{4} = 0.3/4 = 0.075\text{m}，$$

$$C = \frac{1}{n_z}R^{1/6} = 0.075^{1/6}/0.009 = 72.155，$$

$$h_y = 135 \times 10^3 \times 1^2/(72.155^2 \times 0.075) = 345.7(\text{m})，$$

$$i = \frac{h_y}{l} = 345.7/135000 = 0.00256。$$

9.2.3 输配水管道和配水管网水力平差计算

9.2.3.1 海曾—威廉（Hazen - Wiliams）公式计算

输配水管道和配水管网水力平差计算见式（9.2-5）：

$$i = \frac{h_y}{l} = \frac{10.67q^{1.852}}{C_h^{1.852}d_j^{4.87}} \tag{9.2-5}$$

式中 q——设计流量，m^3/s；

C_h——海曾—威廉系数，水泥砂浆内衬的钢管铸铁管取 120～130，涂料内衬的钢管铸铁管取 130～140，未做内衬的钢管铸铁管取 90～100，预应力钢筒混凝土管（PCCP）取 120～140，化学管材（聚氯乙烯管及玻璃钢管）取 140～150；

d_j——管道计算内径，m；

l——管道计算长度，m；

h_y——管道沿程水头损失，m。

9.2.3.2 计算程序框图（见图 9.2-3）

9.2.3.3 算例

某供水工程，管道长 135km，设计流量为 $0.07\text{m}^3/\text{s}$，经济流速 1.0m/s，经济管径 0.3m，计算管道沿程水头损失。

解：

$$q = 0.07\text{m}^3/\text{s}，$$

$$d_j = 0.3\text{m}，$$

$$l = 135000\text{m}，$$

$$C_h = 145；$$

$$h_y = \frac{10.67q^{1.852}}{C_h^{1.852}d_j^{4.87}}l$$

$$= 10.67 \times 0.07^{1.852} \times 135000/(145^{1.852} \times 0.3^{4.87})$$

$$= 10.67 \times 0.0072631 \times 135000/(10065.92 \times 0.0028417)$$

$$= 365.8(\text{m})；$$

$$i = \frac{h_y}{l} = 365.8/135000 = 0.00271。$$

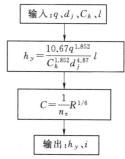

图 9.2-3　输配水管道和配水管网
水力平差计算程序框图

9.3 管（渠）道局部水头损失

9.3.1 管（渠）道局部水头损失的计算

管（渠）道局部水头损失的计算见式（9.3-1）：

$$h_j = \sum \xi_j \frac{v^2}{2g} \qquad (9.3-1)$$

式中 h_j——管道局部水头损失，m。

ξ_j——管（渠）道局部水头损失系数；

v——管道断面水流平均流速，m/s；

g——重力加速度，m/s^2，取 9.8m/s^2；

管道局部水头损失和管线的水平及竖向平顺布置情况有关。调查国内大型输水工程的局部水头损失数值，一般占沿程水头损失的 5%～10%，所以，在可行性研究设计阶段，局部水头损失按沿程水头损失的 5%～10% 计算。配水管网水力平差计算，一般不考虑局部水头损失。

9.3.2 计算程序框图及算例

计算程序中还需要如下参数：

h_j'——局部水头损失经验值。

n_j——管道局部水头损失系数的个数。

Q——管道设计流量，m^3/s。

9.3.2.1 计算程序框图（见图 9.3-1）

9.3.2.2 算例

某供水工程，管道长 135km，设计流量为 0.07m^3/s，经济流速 1.0m/s，经济管径 0.3m，计算管道局部水头损失。

解：

$$v = 1.0 \text{m/s},$$
$$d_j = 0.3 \text{m},$$
$$l = 135000 \text{m};$$

查管道局部水头损失系数表，ξ_j，$j = 1、2、\cdots、n = 2143$。

进口：$\xi = 0.5$；

进口底阀：$\xi = 8$；

转弯角 15°，$\xi = 0.022$，有 800 个；

转弯角 90°，$\xi = 0.99$，有 270 个；

转弯角 30°，$\xi = 0.183$，有 800 个；

闸阀，$\xi = 0.07$，有 270 个；

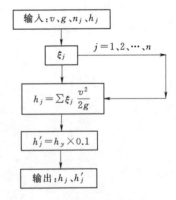

图 9.3-1 管（渠）道局部水头损失计算程序框图

出口，流入水池，$\xi = 1$；

$$h_j = \sum \xi_j \frac{v^2}{2g} = (0.5 + 8 + 0.022 \times 800 + 0.99 \times 270 + 0.183 \times 800 + 0.07 \times 270 + 1)$$

$$\times 1.0^2 / 19.6 = 23.45 (\text{m})。$$

$$h_j' = 0.1 h_y = 0.1 \times 365.8 = 36.58 (\text{m})。$$

9.4 管道水锤分析及防护设计

9.4.1 一般要求

对于小口径（$DN600$ 以下）简单输水管道水锤分析参考同类工程或根据一般理论和经验进行分析计算，复杂和高压力输水管道应经过非稳定流分析计算。

对于中等口径（$DN600 \sim DN1200$）输水管道水锤分析和防护设计应经专门的分析计算确定。

对于大口径（$DN1200$ 以上）和特长距离输水管道水锤分析和防护设计，除专门的分析计算外，还应进行适当的验证计算来确定。在具备条件时，大口径输水管道水锤防护计算可结合数值模拟进行。

水锤防护设计应保证输水管道最大水锤压力不超过 $1.3 \sim 1.5$ 倍最大工作压力。对加压输水管道，事故停泵后的水泵反转速度不应大于其额定转速的 1.2 倍，超过额定转速的持续时间不应超过 2min。

压力输水管道应按运行工况进行停泵、启泵、关阀、开阀、正常运行及流量调节水锤分析。

9.4.2 水锤分析

9.4.2.1 停、启泵水锤分析

停泵水锤分析内容包括以下方面：

（1）未采取保护措施时，突然停泵引起的最大水锤压力、最大降压以及水泵最大反转速可能引起危害的分析。

（2）管道是否可能发生断流和断流弥合水锤，其升压危害和消减方案。

（3）采取必要措施后，应按式（9.4-1）核算输水管道各重点部位的最大压力是否小于管道的强度。

$$2\Delta H + H_0 \leqslant 1.5 H_k \tag{9.4-1}$$

式中 ΔH——停泵时该处的水锤升压，m；

H_0——该处的正常工作压力，m；

H_k——该处管道的公称压力，m。

（4）采取措施后水泵最大反转速度是否满足要求。

启泵水锤分析内容包括管道初次充水和突然停泵再次启动水泵，以及事故检修或正常停水后再次启动水泵的气爆性水锤分析。

9.4.2.2 关阀水锤分析

关阀水锤分析的内容包括以下方面：

（1）在可能的最大、最小和设计流量下，按常规关闭管道末端阀门产生的最大水锤压力、最大降压及其危害的分析。

（2）在各种流量下末端阀门最佳关闭程序的计算分析，产生水锤和断流弥合水锤升压、降压及其危害的分析。

（3）管道较大支管阀门关闭对主输水管道可能产生的压力波动及危害。

（4）确定管道末端控制阀的构造形式和技术要求。

9.4.2.3 开阀水锤分析

开阀水锤分析内容包括以下方面：

（1）突然开阀，管道压力降低对管道的危害分析。

（2）突然开阀是否可能引起管道断流弥合水锤的分析。

（3）确定最佳开阀程序。

正常运行水锤分析内容包括以下方面：

（1）水泵输水的压力管道气体释放量的分析。

（2）管道存气对输水量影响的分析。

（3）管道气囊运动引起的压力波动对管道强度危害的分析。

（4）管道气囊突然聚积发生气堵造成破坏性水锤的分析。

9.4.2.4 流量调节水锤分析

流量调节水锤分析内容包括以下方面：

（1）调节流量引起管道产生的压力波动是否导致水柱中断和气囊聚积及危害的分析。

（2）气囊运动和水柱中断对支管压力波动和影响的分析。

（3）确定合理的流量调节程序。

9.4.3 防护设计

9.4.3.1 压力输水管道水锤防护设计

压力输水管道水锤防护设计应结合水锤计算分析，按照下列要求进行：

（1）各种可行的水锤防护措施及其效果计算分析。

（2）水锤防护方案的技术经济比较。

（3）最优方案的详细计算结果及其可靠性分析。

（4）确定水锤防护的实施方案，明确防护装置的名称、类型、数量、安装位置。

（5）提出防护装置的技术要求。

（6）提出输水管道启动、停车、运行操作要求。

9.4.3.2 停泵水锤防护设计

停泵水锤防护设计宜包括下列主要内容：

（1）根据水锤分析计算结果，确定装在水泵出口处用于停泵水锤防护的单向阀的类型、技术要求、调节方式和工作参数。

（2）在突然停泵过程中，计算确定输水管道某些重点部位是否有意外超过管道承压强度的冲击升压，是否需要安装超压泄压装置及其规格、工作参数等。

（3）在突然停泵过程中输水管道出现负压的部分，宜采取哪些消除负压措施及其效果计算。

（4）当输水管道单级加压很高，且坡度较大时，确定是否在管道中设置降低停泵水锤的单向阀。

9.4.3.3 启泵水锤防护设计

启泵水锤防护设计宜包括下列主要内容：

（1）对有压输水管道，根据管道特点、地形复杂情况、水泵特性以及管路上所装附属设备的性能等，分析计算管道产生启泵水锤的可能性，并确定启泵水锤类型、大小、危害程度及其防护措施等。

（2）制定有压输水管道水泵的正常开启与切换、检修后再次充水、突然停泵后再次启动，泵站阀门的合理开启操作要求。

（3）对误操作可能产生的启泵水锤，确定是否在水泵出口安装启泵控制装置。

第 10 章

水工建筑物水力学计算程序（HYCOM2.0）

10.1 HYCOM 程序说明

水工建筑物水力学计算程序，简称 HYCOM（Hydraulics Computing Program）。本程序是基于 B/S（Brower/Server，浏览器/服务器）架构，可跨平台运行，充分利用 Vue.js 前端框架的强大功能，通过可交互式界面便于工程技术人员高效地通过本平台获取计算结果。服务器端则通过 Node.js 进行构筑，主要进行核心部分计算，并配合前端界面将计算结果返回给前端并进行显示。水力学计算公式的选取整编国家标准、水利和电力行业规范，算例为实际工程，计算成果的实用性强，真正能给广大工程技术人员提供可靠的计算成果。

10.2 软件功能及运行环境

10.2.1 软件功能

（1）用于预可研性研究、可行性研究、招标设计和施工详图设计阶段的泄、引（输）水建筑物水力学计算。

（2）对岸边溢洪道、侧槽溢洪道、水工隧洞、竖井泄洪洞、混凝土重力（拱）坝、引水渠道、水电站压力管道、城镇长距离输水管（渠）道等水工建筑物进行水力学计算。

（3）操作简单，输入数据少，人机界面较好，自动化程度高。

（4）尽可能的沿循工程技术人员手工计算的思路，易于操作。

（5）专设参数说明显示，易于理解各变量含义。

10.2.2 运行环境

软件操作系统：Windows、Mac OS、IOS，软件运行环境：Chrome、Firefox、Safari 等浏览器。

10.3 软件的安装及注册

10.3.1 软件的安装

本软件可在浏览器（例如 Chrome 浏览器、Firefox 浏览器）上运行，无需安装特定软件，移动平台（手机、ipad 等）和主机平台（笔记本、台式电脑）均可使用。

在安装完浏览器后，请输入最新对应的 HYCOM 地址（当前地址：https：//raymondmcguire. gitee. io/HYCOM/r2.2/）。跳转进入 HYCOM 程序登录页面，如图 10.3 - 1 所示。

图 10.3 - 1　HYCOM 程序登录页面

10.3.2 注册账号

用户第一次登录时需要注册自己的账号，点击页面下方的"注册"按钮后会跳转进入注册账号页面，如图 10.3 - 2 所示。

用户需要填写自己的账号和密码（大于 5 个字符长度）以及个人相关信息，如果没有与其他用户重名则会有创建用户成功的提示并自动跳转至登录界面，如图 10.3 - 3 所示。

反之，如果用户所使用的用户名与其他用户重复的情况下，将无法注册账号并有如下提示，此时用户需要重新注册账号，如图 10.3 - 4 所示。

当用户成功创建账户并填入登录界面的账号密码框后，点击"登录"按钮即可进入 HYCOM 的主界面（界面上方有欢迎用户登录提示信息），如图 10.3 - 5 所示。

图 10.3 - 2　注册账号页面

图 10.3 - 3　创建用户成功提示页面

图 10.3 - 4　创建用户失败提示页面

图 10.3 - 5　HYCOM 主界面

10.4　界　面　说　明

10.4.1　登录界面

当跳转进入 HYCOM2.0 程序的网页后,将会看到如图 10.3 - 1 所示界面。

当用户输入个人账号与登录密码后,点击"登录"按钮即可进入图 10.3 - 5 所示的 HYCOM2.0 程序的主界面。

10.4.2　主界面

HYCOM2.0程序的主界面功能区域主要分为三个部分：①左侧边栏，初始状态是关闭的；②上部导航，可以点击快速跳转到对应的功能界面；③右上侧头像，点击后用户可以通过"意见反馈"按钮将使用者意见发送给开发者，点击"退出"退出当前用户跳转到登录界面，如图10.4-1所示。

图 10.4-1　HYCOM2.0程序主界面功能区域划分

10.4.2.1　左侧边栏

左侧边栏初始处于关闭状态，通过用户点击如图10.4-2中所示的标志即可打开左侧边栏，将显示各项功能菜单。

图 10.4-2　点击左侧标志

点击图上标志后，界面将会呈现如图10.4-3所示效果。左侧为各项功能菜单。

10.4.2.2　上部导航

点击上部导航中的按钮可跳转至对应的功能界面，以"HYCOM2.0"为例，点击后会跳转至本程序的主界面。

10.4.2.3　右上侧头像

点击右上侧头像时将会有下拉选项自动浮现出来，如图10.4-4所示。

图 10.4-3 各项功能菜单

图 10.4-4 点击右上侧头像出现下拉选项

点击头像后将会出现如图 10.4-4 所示的下拉菜单，用户可通过选择"意见反馈"来提交自己对本软件的改进方案或问题。而点击"退出"按钮则会退出当前用户的操作界面并跳转至登录界面。

10.4.3 功能菜单

HYCOM 的功能菜单主要包含如下功能：溢洪道水力学计算、侧槽溢洪道水力学计算、水工隧洞水力学计算、竖井泄洪洞水力学计算、混凝土重力（拱）坝坝身泄水建筑物水力学计算、渠道水力学计算、水电站压力管道水力学计算以及城镇供水长距离输水管道水力学计算等八项核心功能。

10.4.3.1 溢洪道水力学计算

溢洪道水力学计算子菜单包括"泄流能力计算""泄槽水面线计算""水流空化数计算""挑流消能""底流消能"这五项子功能。而"泄流能力计算"功能选项中又包含了"开敞式幂曲线实用堰的泄流能力""宽顶堰泄流能力""驼峰堰泄流能力""带胸墙孔口泄流能力"这四项具体计算。同时，"挑流消能"包含了"冲刷坑深度计算"和"挑流挑距计算"。"底流消能"包含了"水平光面护坦上的水跃计算"和"下挖式消力池的水跃计算"。点击这些菜单项将分别弹出相应的窗口，用户可以在这里输入数据进行计算。

10.4.3.2 侧槽溢洪道水力学计算

侧槽溢洪道水力学计算子菜单包括"侧槽溢流前缘的总长度计算"和"侧槽水面线的计算"。点击这些菜单项将分别弹出相应的窗口，用户可以在这里输入数据进行计算。

10.4.3.3 水工隧洞水力学计算

水工隧洞水力学计算子菜单包括"水工有压隧洞水力学计算""无压隧洞的水面线计算"和"水流空化数计算"。点击这些菜单项将分别弹出相应的窗口，用户可以在这里输入数据进行计算。

10.4.3.4 竖井泄洪洞水力学计算

竖井泄洪洞水力学计算子菜单包括"环形堰竖井泄洪洞"和"涡流式竖井泄洪洞"。点击这些菜单项将分别弹出相应的窗口，用户可以在这里输入数据进行计算。

10.4.3.5 混凝土重力（拱）坝坝身泄水建筑物水力学计算

混凝土重力（拱）坝坝身泄水建筑物水力学计算子菜单包括"开敞式溢流堰的泄流能力""孔口泄流能力""水面波动及掺气计算""挑流消能挑距和冲坑深度计算"和"底流消能水跃长度计算"。点击这些菜单项将分别弹出相应的窗口，用户可以在这里输入数据进行计算。

10.4.3.6 渠道水力学计算

渠道水力学计算子菜单包括"明渠均匀流水力计算"和"渠道非均匀流水面线计算"。点击这些菜单项将分别弹出相应的窗口，用户可以在这里输入数据进行计算。

10.4.3.7 水电站压力管道水力学计算

水电站压力管道水力学计算子菜单包括"经济直径计算""圆形管道水头损失计算"和"水锤计算"。点击这些菜单项将分别弹出相应的窗口，用户可以在这里输入数据进行计算。

10.4.3.8 城镇供水长距离输水管水力学计算

城镇供水长距离输水管水力学计算子菜单包括"塑料管道沿程水头损失（达西公式）""混凝土管（渠）及水泥砂浆内衬的金属管道（谢才公式）计算""输配水管道、配水管网水力平差计算（海曾—威廉公式）计算""管（渠）道局部损失计算"和"管（渠）道总水头损失计算"。点击这些菜单项将分别弹出相应的窗口，用户可以在这里输入数据进行计算。

10.5 功 能 界 面

当用户点击相对应的上述功能菜单后将进入如图 10.5-1 所示界面（以"开敞式幂曲线实用堰的泄流能力"为例）。

由图 10.5-1 可知，功能界面主要分为四个部分："参数说明""参数输入""计算结果"和"算例"。

10.5.1 参数说明

参数说明部分主要是根据水工建筑物水力学公式所需要的输入参数以及输出参数的信

HYCOM2.0 / 泄洪退水力学计算 / 泄流能力计算 / 开敞式幂曲线实用堰的泄流能力

1.1 泄流能力计算

1.1.1 开敞式幂曲线实用堰的泄流能力

参数说明：

σ_m：淹没系数
C：上游坡角修正系数
m：流量系数
ε：侧收缩系数
b：单孔宽度，m
n：闸孔数目
H：堰上水头，m，取堰前 $3H_0 \sim 6H_0$ 处
v_0：引渠的行进流速，m/s
g：重力加速度，m/s^2，取 9.8
P_1：上游堰高，m
H_d：定型设计水头，m，对于高堰，$H_d = 75\% \sim 95\% H_{max}$，$H_{max}$ 为校核流量对应的水头
Q：流量，m^3/s

请输入参数：

n		b	
P_1		H_d	
H		v_0	
C		m	
ε		σ_m	

计算 重置 存图

结果：

算例：

某国外水电站工程，岸边式溢洪道，引渠底板高程为 190m，堰顶高程为 209m，PMF 库水位 233m，引渠流速 3m/s，4 孔，单孔宽度 15m，上游坡度 3：2，求 PMF 下泄量。

求得 PMF 下泄量为 14370.90

图 10.5-1 "开敞式幂曲线实用堰的泄流能力"计算界面

息而来。此部分中每个参数都严格按照数学公式的符号进行显示并加以参数解释。

10.5.2 参数输入

参数输入部分则是根据当前计算程序所需的输入信息而来。参数输入的形式主要分为三种："直接数值输入""单选按钮"和"下拉列表"。"直接数值输入"的方式是当参数为一确定数值时，用户可将相对应的数值输入参数输入框内，而输入框内的参数将被传入计算程序进行具体计算。如图 10.5-2 所示。

σ_m

图 10.5-2 "直接数值输入"示例

左侧为参数符号，右侧为输入框。将确定参数填入即可。

"单选按钮"类型的输入方式是确定当前功能中某一项参数是否为一特定属性，选中则为是，反之为否。如图 10.5-3 所示：

如图 10.5-4 所示为判断当前堰类型是否为 a 型（左侧），右侧则为单选按钮，现状

173

态为打开（蓝色），关闭则为灰色（见图 10.5 - 4）。用户可以根据实际情况进行切换。

图 10.5 - 3　"单选按钮"示例　　　　　图 10.5 - 4　选择切换按钮

"下拉列表"类型的输入方式是为了确定某一属性的具体类型，可能为两者或者两者以上选择。以图 10.5 - 5 为例。

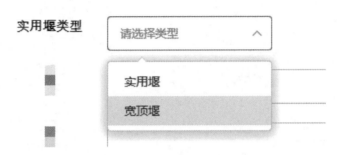

图 10.5 - 5　"下拉列表"示例

用户可通过点击"下拉列表"方式来显示"实用堰类型"，以图 10.5 - 5 为例则会有两种选择（实用堰、宽顶堰）。用户选择任意一种类型即可。选中后，实用堰类型属性后则会显示用户所选中的类型，如图 10.5 - 6 所示。

图 10.5 - 6　选择"实用堰类型"显示

10.5.3　计算结果

计算结果部分主要由三个按钮以及一个输出框构成，如图 10.5 - 7 所示。

图 10.5 - 7　计算结果界面

"计算"按钮点击后，根据用户输入的参数来进行计算并将结果输出在下方的"结果"框内。"算例"按钮点击后，自动将相对应算例使用的参数填入参数框内，以"渠道非均匀流水面线计算"为例，初始状态的效果如图 10.5 - 8 所示。
当用户点击"算例"按钮后，则自动填入参数并如图 10.5 - 9 所示。
此时已经自动填入所记载算例的参数。下一步用户可通过点击"计算"按钮得出算例结果，或点击"清空"将所有已填入的参数消去转化为最初的状态。

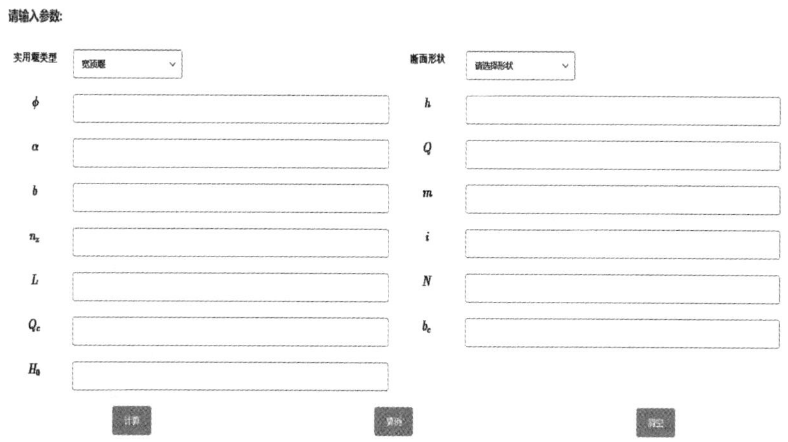

请输入参数:

图 10.5 - 8　初始状态效果

请输入参数:

图 10.5 - 9　自动填入参数后的效果

10.5.4　算例

算例部分则是为了保证计算程序的安全性,用来验证用户所使用软件计算得出的结果是否与程序开发者计算所得的结果一致。仍然以"渠道非均匀流水面线计算"为案例,通过点击"算例",进而点击"计算"得出结果如图 10.5 - 10 所示。

结果:

缓流a1型壅水曲线|h1=8.950|h2=8.781|h3=8.615|h4=8.451|h5=8.287|h6=8.127|h7=7.968|

图 10.5 - 10　"计算"结果

与此同时,用户可以参考"算例"中的信息,如图 10.5 - 11 所示。

对比算例中的信息是否与自己计算而得结果一致,如果一致则表明当前计算程序安全可

算例：

某河湖连通工程，布置一渠道将水引至排水闸，渠道全长为3386m，梯形断面，边坡系数2.0，底宽45m，糙率为0.025，底坡为1/3000。当过闸流量为500m3/s 时，闸前水深为8.95m，计算排水渠道的水面线。

求得缓流a1型壅水曲线，h1=8.950|h2=8.781|h3=8.615|h4=8.451|h5=8.287|h6=8.127|h7=7.968|

图 10.5-11 "算例"信息

靠。用户可以通过填入自己所需计算项目的参数来进行计算。反之结果不一致，则程序有可能存在安全隐患，可以参考 10.5.4 节"意见反馈"将存在问题的计算算例反馈给开发者。

10.5.5 意见反馈

意见反馈功能是为了让使用者便于将软件使用过程中遇到的问题或者意见便捷地反馈给软件开发者。意见反馈功能可以通过点击界面右上角地头像所显示出来的下拉列表中"意见反馈"按钮进入相对应的界面，如图 10.5-12 所示。

图 10.5-12 "意见反馈"按钮

当点击"意见反馈"按钮后将进入如图 10.5-13 所示界面。

图 10.5-13 "意见反馈"界面

　　用户可以将相关信息填入意见反馈表单后点击"提交"按钮进行意见反馈。提交成功后将会有反馈成功的提示，如图 10.5－14 所示。

图 10.5－14　意见反馈提交成功提示

10.6　使用说明视频

　　扫描下面二维码（见图 10.6－1），观看"水工建筑物水力学计算程序 HYCOM"使用说明。网址为 https：//raymondmcguire. gitee. io/hycom/guide/。

图 10.6－1　二维码显示

参 考 文 献

[1] 武汉大学水利水电学院水力学流体力学教研室，李炜. 水力学计算手册：第 2 版 [M]. 北京：中国水利水电出版社，2006.

[2] 刘志明，王德信，汪德爟. 水工设计手册：第 1 卷 基础理论 [M]. 北京：中国水利水电出版社，2011.

[3] 刘志明，温续余. 水工设计手册：第 7 卷 水电站建筑物 [M]. 北京：中国水利水电出版社，2011.

[4] C. M. 斯里斯基. 高水头水工建筑物的水力计算 [M]. 毛世民，杨立信译，郑顺炜校订. 北京：水利电力出版社，1984.

[5] 中国工程建设标准化协会. 城镇供水长距离输水管（渠）道工程技术规范：CECS 193：2005 [S]. 北京：中国计划出版社，2006.